Uwe H. Sültz

Compact Cassetten Recorder

REPORT

BoD - Books on Demand

Norderstedt 2017

Bibliografische Information durch die Deutsche Nationalbibliothek

Die Deutsche Nationalbibliothek verzeichnet diese Publikation in der Deutschen Nationalbibliografie; detaillierte bibliografische Daten sind im Internet über http://dnb.dnb.de abrufbar.

© 2017 Uwe H. Sültz

Herstellung und Verlag:

BoD – Books on Demand, Norderstedt

ISBN 9-78374-1-29825-7

Inhalt, Vorwort und Geschichte

(FS) = Fotostrecke

Wussten Sie, dass es zwei Ausführungen des weltersten Compact-Cassetten-Recorders PHILIPS EL 3300 gab? Es waren nur minimale Unterschiede, die hier im Buch zu sehen sind.

Und was wäre gewesen, wenn PHILIPS sich für die parallel zur zukünftigen Compact Cassette entwickelte Einlochkassette entschieden hätte? Alles stand bereit, in Wien lag ein fertiger Recorder und die Einlochkassette auf dem Tisch. Wie diese Einlochkassette aussieht, hier im Buch ist das äußerst seltene Stück, auch zerlegt, zu sehen. Ebenso eine der weltersten Compact Cassetten EL 1903, auch zerlegt.

Wenn alle Ersatzteile eines EL 3302 vorliegen, was liegt dann nahe? Natürlich, wir bauen einen nigelnagelneuen Cassetten Recorder auf.

Mit welchen Hilfsmitteln die Geschwindigkeit eingestellt wird, wird hier gezeigt.

Das PHILIPS Chassis EL 33xx wurde auch u.a. eingesetzt von TELEFUNKEN, GRAETZ, NORELCO, HORNYPHON, MERCURY, PANASONIC, AMPEX, WOLLENSAK und andere. Eine kleine Auswahl wird gezeigt. Ebenso eine kleine Auswahl an die ersten Cassetten großer Marken (SONY, PANASONIC, AGFA, MAXELL, MERCURY, BASF...).

Ein paar Geschichten rund um den weltersten Recorder runden das Buch ab, bevor es einen Ausblick auf neues Cassetten-Material gibt.

Der welterste Recorder EL 3300:

Die ersten PHILIPS Cassetten wurden mit Schrauben und Muttern verschraubt.
Alle EL 1903-01 sind nach diesem Prinzip zusammengesetzt worden, ebenso die
Cassetten-Beigaben zu Recordern mit PHILIPS-Chassis vor 1966. Im Bildband, s.
Abbildung, werden dazu u.a. eine NORELCO (PHILIPS EL 1903-01) und eine
PANASONIC (EL 1903-118D) gezeigt.

Die erste Cassette beinhaltete ein Ferroband, auch heute werden noch neue
Cassetten div. Hersteller produziert, wie zu Beginn der Ära mit Ferroband.

Die EL 1903-01 wurde am 8.1.1963 von PHILIPS vorgestellt. Sie hatte keine
Löschnasen und war schwerer als nachfolgende Modelle der 1960/1970'er Jahre.
Das Band kam von BASF, ein sogenanntes FES 18-Band. Die Buchstabengruppe
LGS und PES weisen auf den Aufbau des Bandes hin. Bei LGS steht das L für
LUVITHERM, dem vorgereckten Kunststoffträger (PVC). Die Typenbezeichnung
PES deutet durch die Buchstaben PE auf Polyester als Trägerfolie hin. Typ PES 18
ist das dünnste Band. Es wurde in erster Linie für tragbare Batteriegeräte
entwickelt, auf denen nur Spulen mit kleinem Durchmesser verwendet werden.
Diese Geräte haben den für PES 18 notwendigen geringen Bandzug. Die Zahl
hinter der Buchstabenreihe, bei PES 18 die 18, gibt die Gesamtdicke des Bandes
(Träger plus Schicht) in tausendstel Millimeter an. Je dicker das Band ist, umso
robuster ist es. Somit ist das PES 18-Band, das in der weltersten PHILIPS Compact
Cassette von BASF geliefert wurde, nur 18 tausendstel Millimeter stark.

Die erste eigene BASF Compact Cassette brachte die BADISCHE ANILIN & SODA FABRIK 1966 auf den Markt. Ein neues BASF Logo wurde 1968 eingeführt, aus MAGNETOPHONBAND BASF wurde nur BASF, siehe Bilder.

Lou Ottens entwickelte damals den weltersten Compact Cassetten Recorder (Pocket-Recorder) PHILIPS EL 3300. Maßgeblich beteiligt im Team waren J.J.M. Schoenmakers und Peter van Sluis (die Urkassette EL 1903, den Recorder und den Mechanismus). Parallel wurde in Wien ein Einlochsystem hergestellt. Diese Einlochkassette ist in diesem Buch ebenso zu finden, auch zerlegt, wie die EL 1903, auch zerlegt.

Wie erwähnt, J.J.M. Schoenmakers hat die Urkassette und den Mechanismus Tonkopf/Band/Kontakt entwickelt. Hier ein Patentauszug:

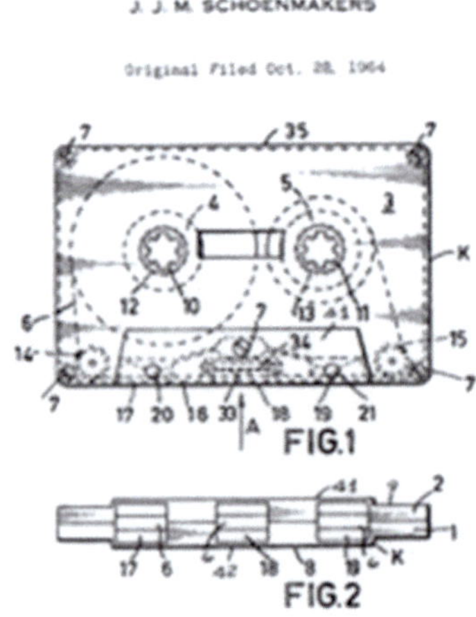

6

Die Einlochkassette wurde nie der Öffentlichkeit vorgestellt, PHILIPS entschied sich für das Zweilochprinzip, der zukünftigen Compact Cassette. PHILIPS wollte einen internationalen Namen, also „Compact Cassetten Recorder", alles mit „C" geschrieben. Außerdem waren sich andere Hersteller nicht einig. Der erste Recorder wurde am 30.8.1963 auf der Funkausstellung vorgestellt. Der erste Verkauf war in der 42. Woche 1963. Ab November 1964 wurde der Recorder in Amerika von NORELCO vertrieben, CARRY CORDER 150. Hier legte man eine Cassette EL 1903 mit NORELCO-Aufdruck bei. 1965 stellte PHILIPS die Technologie allen zur Verfügung (mehr oder weniger unter Druck, da SONY eventuell eine Kooperation mit dem System DC-INTERNATIONAL von GRUNDIG eingegangen wäre. Die Vorteile lagen jedoch auf PHILIPS Seite, da die Compact Cassette kleiner war. Außerdem gab es Streitigkeiten über Lizenzgebühren. Um SONY zu gewinnen verzichtete PHILIPS auf Lizenzgebühren.). Das war der Startschuss für die vielen Compact Cassetten. Die zweite PHILIPS Cassetten-Generation nannte man EL 1903-118D. Am Anfang wurden auch sie mit Schrauben und Muttern zusammengehalten. Danach mit Blechschrauben, danach geklebt. In der Übergangsphase wurden auch die für Schrauben hergestellten Gehäuse einfach geklebt. Geklebte Gehäuse sollen angeblich für mehr Laufruhe sorgen, aber in verschraubte Cassetten lassen sich die Bänder besser reparieren. Ab 1975 wurde wieder verschraubt. Die letzten PHILIPS-Generationen gab es Ende der 1990'er Jahre.

Ein weiterer Bildband wird fertig bespielte MusiCassetten zeigen. Später auch noch ein Cassetten-Recorder-Buch vom ersten PHILIPS Recorder EL 3300, über den ersten STEREO-Recorder von PHILIPS, EL 3312, bis zum ersten HiFi-Recorder von PHILIPS, N 2510.

Bereits erschienen sind die COMPACT CASSETTEN REPORT-Bücher Teil 1 und 2. Teil 1 ist eine Kaufberatung für PHILIPS-Cassetten-Sammler. Der Teil 2 berät über Kaufhaus- und Zulieferer-Cassetten. Weiterhin gibt es eine Sonderausgabe in Fotobrillant-Druck der Einloch-Kassette.

Über Uwe H. Sültz:

Sein erster Recorder war der ausrangierte EL 3300, der im AUDI 100 LS gute Dienste tat. Vater Heinz übergab den Recorder mit interessanten Bändern. U.a. war die welterste Tonaufnahme der Funkausstellung 1963 dabei, als ein Techniker den EL 3300 erklärte. Heinz Sültz, Radio- und Fernseh-Techniker-Meister war bei der Präsentation dabei. Ein Techniker erklärte damals den Recorder. Uwe H Sültz hat diese und weitere Tonaufnahmen in YouTube veröffentlicht. Der EL 3300 hatte noch keine Geschwindigkeitseinstellung. Er lief von Mal zu Mal langsamer. Uwe H. erhöhte die Spannung. Noch bevor er den Recorder zerstörte, gab es einen PHILIPS Stereo-Recorder EL 3312. Der nächste Schritt war dann ein ELAC CD 400 (NAKAMICHI), bis zum NAKAMICHI Dragon. Im Radio- und Fernseh-Betrieb der Eltern hatte Uwe H. Sültz alle Möglichkeiten Cassetten und Recorder zu testen. So sind nach und nach über 10.000 Compact Cassetten (erste bis letzte verschiedener Hersteller) und MusiCassetten (die weltersten verschiedener Labels) zusammengetragen worden. Die gesamte PHILIPS-Sammlung von 1963 bis 1999 ist mehrfach vorhanden und wird zu gegebener Zeit dem PHILIPS-Museum übergeben. Das gleich gilt für die Recorder, ca. 100 Geräte der Baureihen EL 3300, 3301, 3302, 3310, 3312 bis zum HiFi N 2510 sind gesammelt und restauriert. Die veröffentlichten Bücher sollen an dieses Kulturgut erinnern und unseren Enkeln erklären, wozu wir einen Bleistift für die Compact Cassetten benötigten.

Neben der Ausbildung zum Radio- und Fernsehtechniker war Uwe H. Sültz für den Verkauf zuständig. Es folgten Abitur und Studium. Danach der Wechsel in die Kieferorthopädie. Im Jahr 1993 bespielte Uwe H. Sültz für die KFO-Praxis Anleitungs-Cassetten, die den Patienten (99% Kinder) das Zähneputzen richtig erklärten. Die von ihm erfundene Zahnfee Fritzi klärte nach dem Start der Cassette, wie und wie lange richtig die Zähne geputzt werden. Kurz vor dem Wechsel in das neue Jahrtausend erwarb Uwe H. Sültz ca. 200 PHILIPS Cassetten der letzten Generation ohne Einleger. Sie wurden an treue Kunden und Patienten, sowie echten Fans der Compact Cassette bis 2003 verteilt.

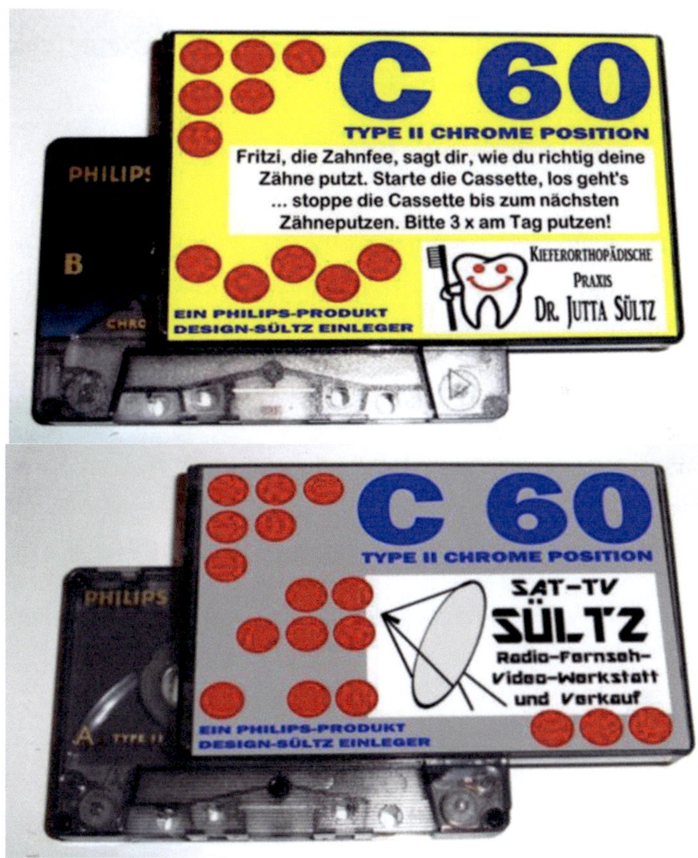

Tipps:

-Cassetten regelmäßig umspulen

-Klebestellen zwischen Band und Vorspannband kontrollieren

-weißer Pilz schadet nicht, abwischen, umspulen, Folien säubern

 -Neben dem Band ist auch die Gleitfolie ein Verschleißteil

-verklebte Gehäuse sind stabiler, lassen sich aber nicht öffnen

-verschraubte Gehäuse nachschrauben

-nicht senkrecht stehende Bandumlenkstege verursachen Azimutfehler, dann lieber nur die Bandführungsrollen benutzen

-Andruckfedern geben nach, nachbiegen oder erneuern

-Andruckfilze werden schmutzig, erneuern

-die Lackschicht, in der die Magnetpartikel eingebunden sind, ist nicht bei allen Herstellern gleich abriebfest, Köpfe, Welle, Rolle reinigen

-Laufwerk staubfrei halten

-Bandsalat entsteht durch elektrische Aufladung der Gleitfolien, durch verschlissene Gleitfolien, durch verschmutzte Andruckrolle oder Welle, durch defektes aufwickeln (Kupplung)

-regelmäßig das Laufwerk des Recorders reinigen und entmagnetisieren

Einen langen Weg sind wir gemeinsam gegangen,
Energie, in Form von Batterien, war dein Verlangen.
Von Beatles, Sweet, Smokie bis Suzi Quatro, alle waren dabei.
Bei dieser Musik fühlten wir uns wirklich frei.

Mit dem **Philips EL 3300** begann der große Erfolg.
Bald wollte ihn das ganze Volk.
Aus dem TV mit dem Mikro die Musik aufgenommen,
bis Mutter störte: Abendbrot, bitte in die Küche kommen.

Viele Sänger hast du überlebt,
viele Einleger sind überklebt.
Viele Cassetten sind aufgenommen,
zu einer großen Sammlung ist es gekommen.

Abgerockt bist du nun total,
schließlich bist du nicht aus Stahl.
Alle Compact Cassetten möchte ich noch hören,
will sie und dich nicht zerstören.

Drum muss ein neuer Recorder her,
leider gibt es keinen mehr.
Dann baue ich mir aus Ersatzteilen eben einen
nigelnagelneuen.
Und wenn dann Elvis wieder spielt, werde ich mich freuen.

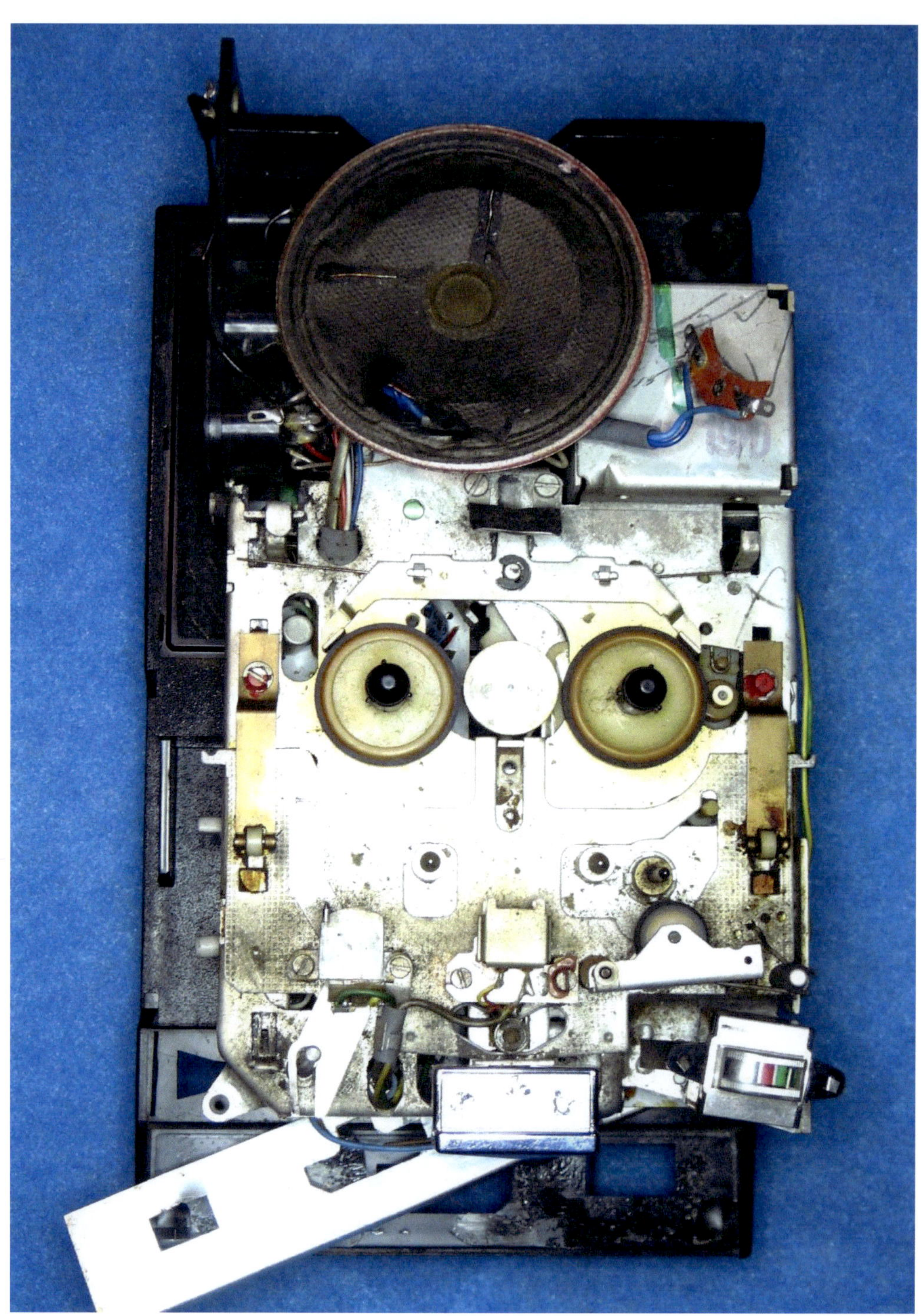

Für den Neuaufbau des *PHILIPS EL 3302* wird das übliche Werkzeug, wie
Lötkolben, Seitenschneider, Kabel, usw. benötigt.

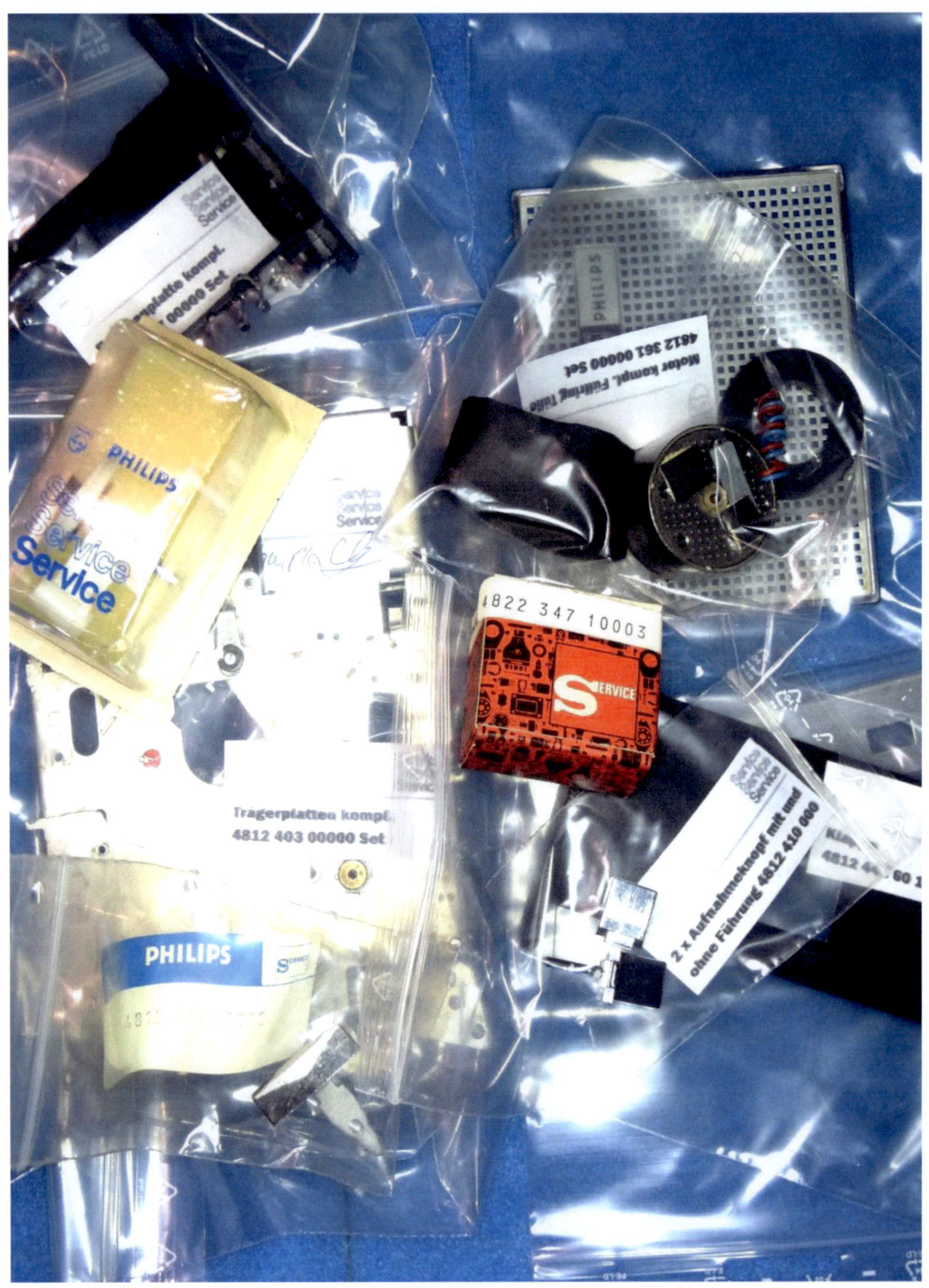

PHILIPS
Service
Service
Service
Trägerplatten kompl.
4812 403 00000 Set
PHILIPS
Motor kompl. Fullring Teile
4812 361 00000 Set
4822 347 10003
SERVICE
2 x Aufnahmeknopf mit und
ohne Führung 4812 410 000

Lautsprecher
4812 240 3
Service
Service
Service
wischenrollenhebel kompl.
Set
Service
Service
Service
4812 403 40041
PHILIPS
Satz 4812 214 00
regelung EL 330
214 00000 Set kompl.
2 x Knopf schwarz und rot
4812 412 00000
214 00000 Set kompl.
Bedi. ngsknopf
0 10012
Service
Service
Service
Service
Speulenteller kompl.
4812 528 00000 Set
Schalter für EL 33
4812 279

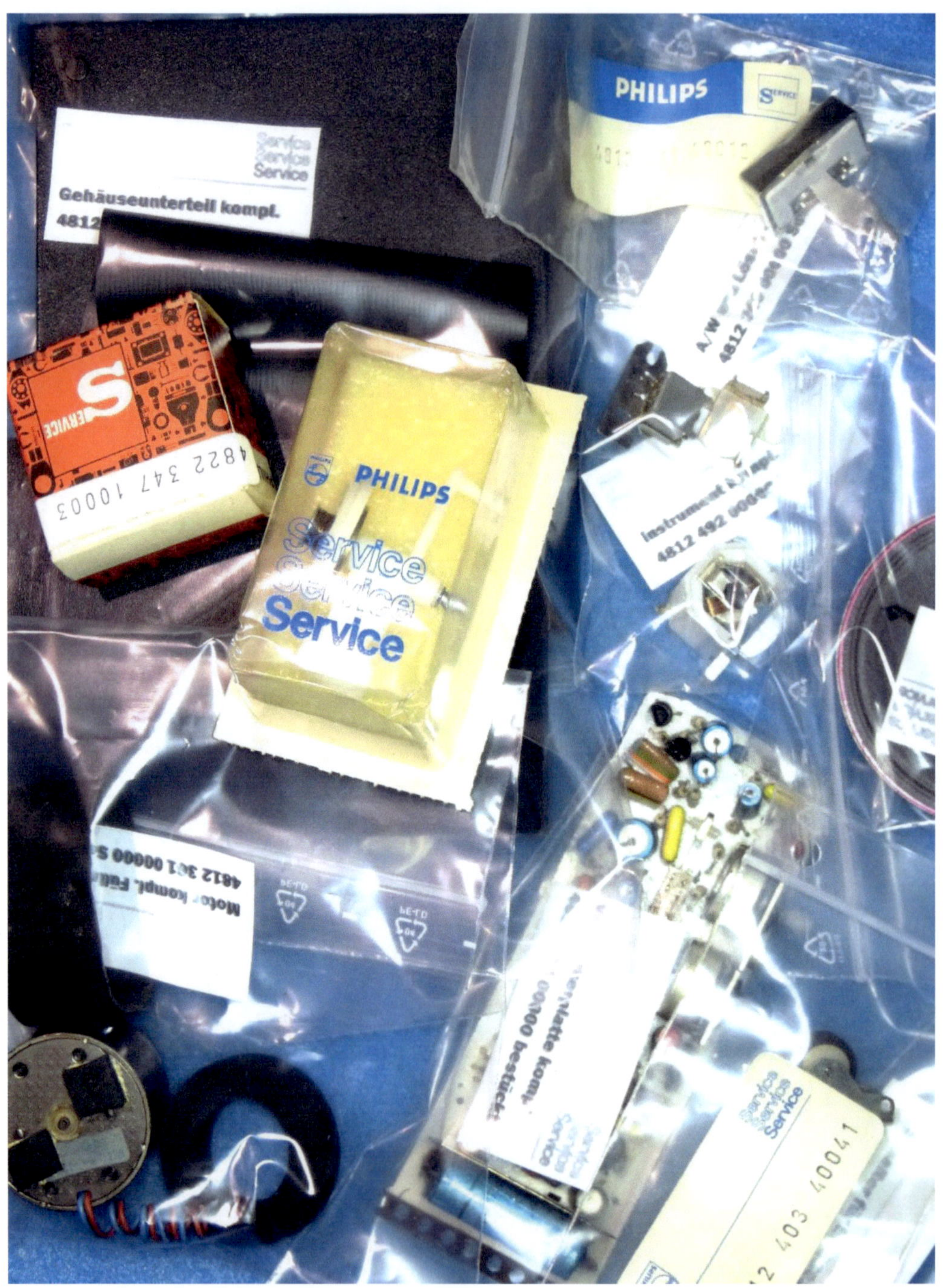

Service
Service
Service
Gehäuseunterteil kompl.
4812
PHILIPS
S SERVICE
4822 347 10003
PHILIPS
Service
Service
Service
A/W
4812
Instrument A/W kompl.
4812 492 000
Motor kompl. Feld
4812 361 00000
Service
Service
Service
403 40041

instrument kompl.
12 492 00000 Set
SERVICE
Motorprintplatte Umr...
4812 214 00000 Set ko...
A/W und Lösch - Köpfe
4812 249 00000 Set kompl.
Schwungscheibe kompl.
4812 528 00000 Set
Schaber für EL 3302
4812 278 00000 Set
Motor kompl. Fü...ug Tulle
4812 361 00000 Se...
kompl.
4812 12...

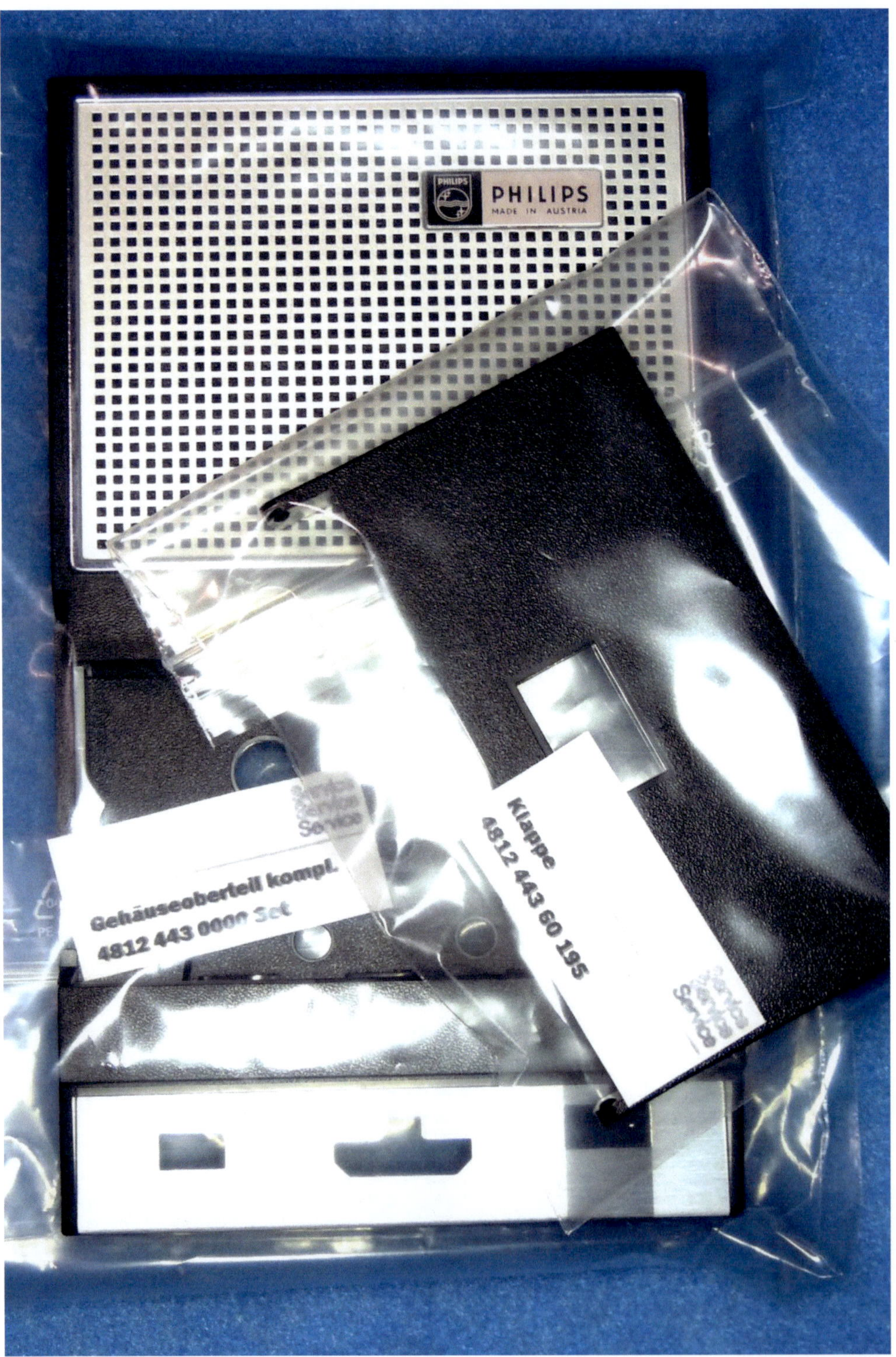

PHILIPS
MADE IN AUSTRIA
Gehäuseoberteil kompl.
4812 443 0000 Set
Klappe
4812 443 60 195

Service
Service
Service
Gehäuseunterteil kompl.
4812 443 00000 Set

PHILIPS
Service
Service
Service
Service
Service
Service
Trägerp.
4812 403

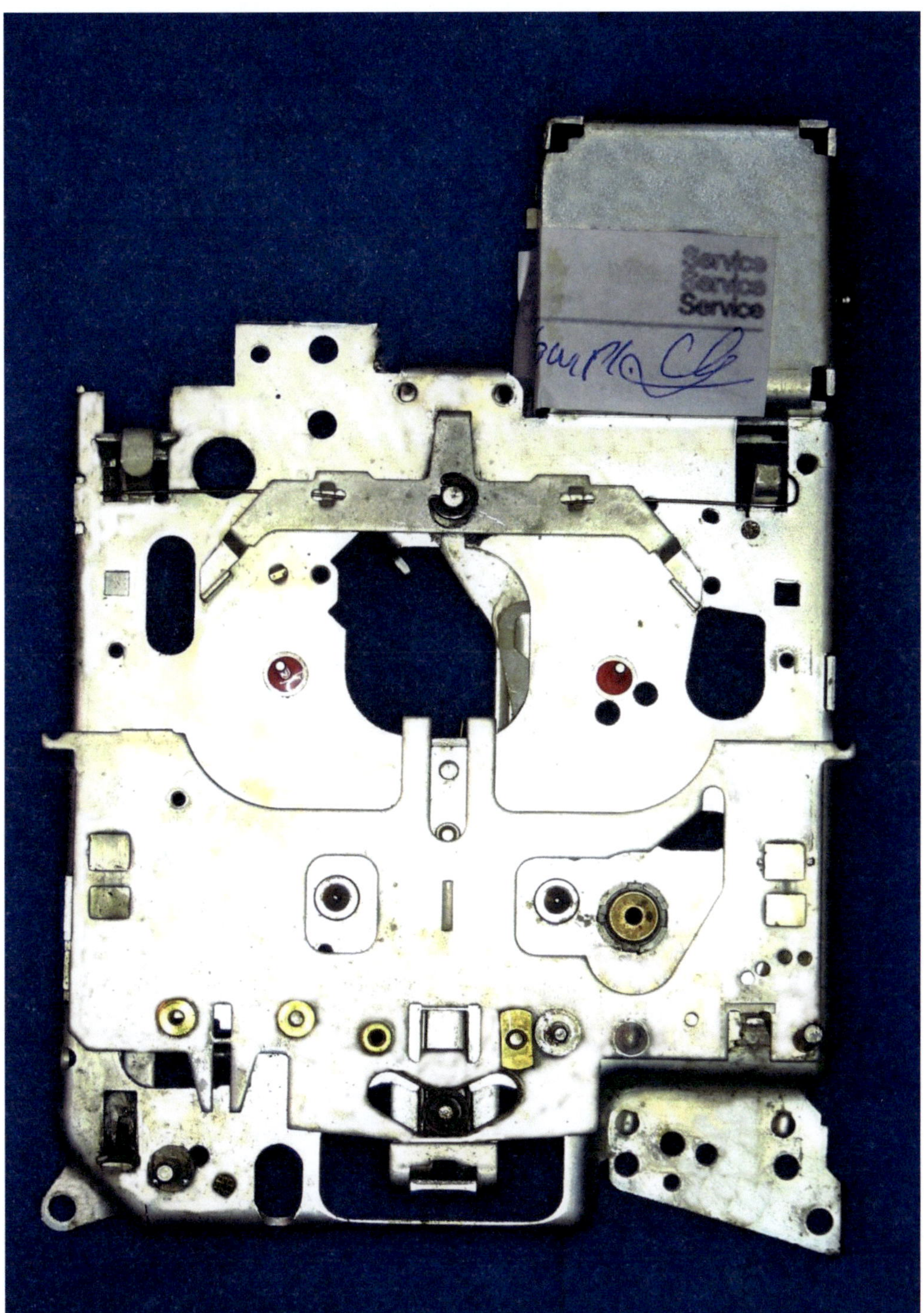
Service
Service
Service

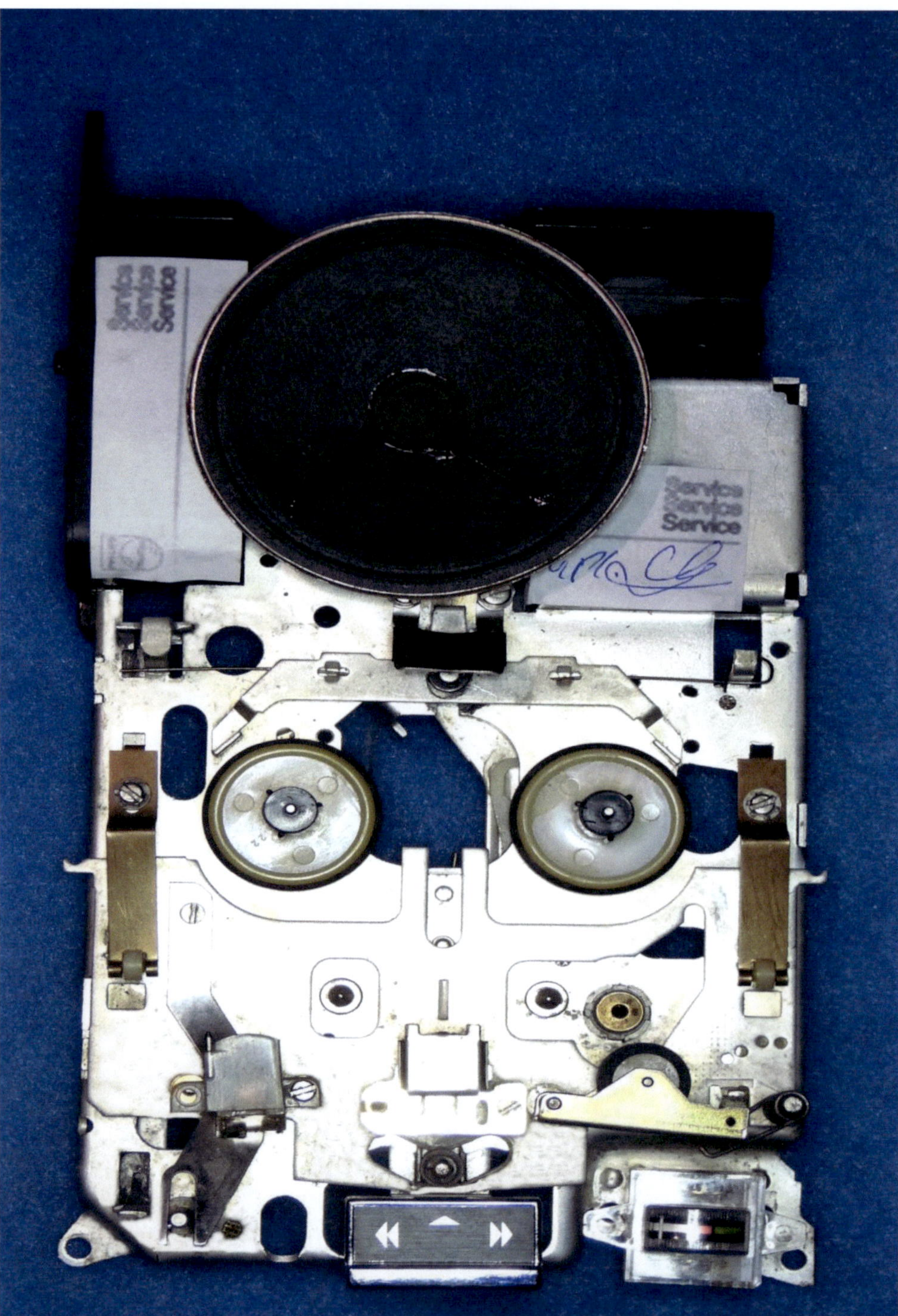

PHILIPS
PHILIPS
PHILIPS
PHILIPS
Service
Service
Service
INDEX
A
MADE IN ENGLAND
100 50 0
PHILIPS C·30 Compact Cassette

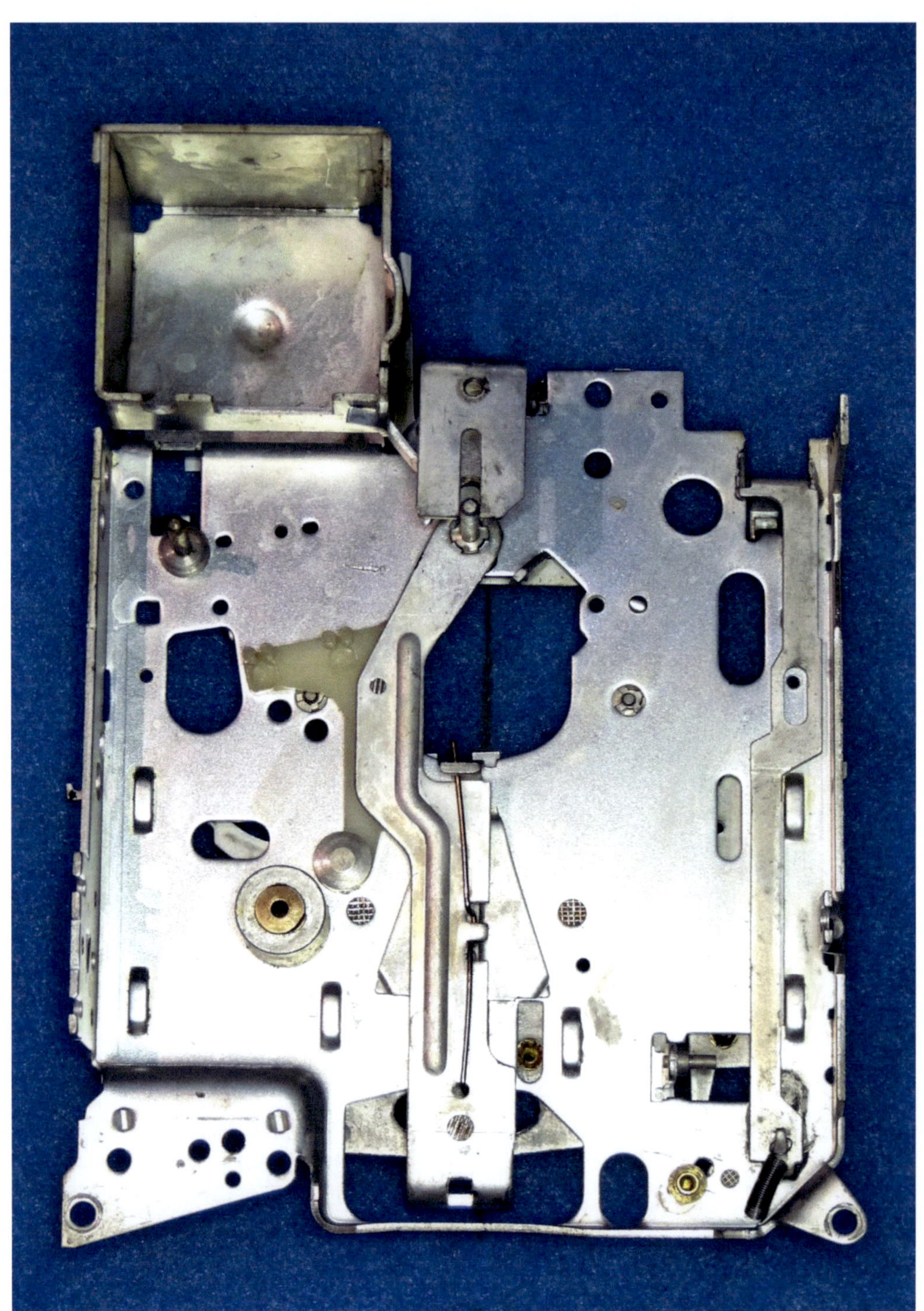

PHILIPS
Service
Service
Service
3104 103 36550

PHILIPS

PHILIPS
PHILIPS
PHILIPS
1W 435 65.7
4322 010 32176

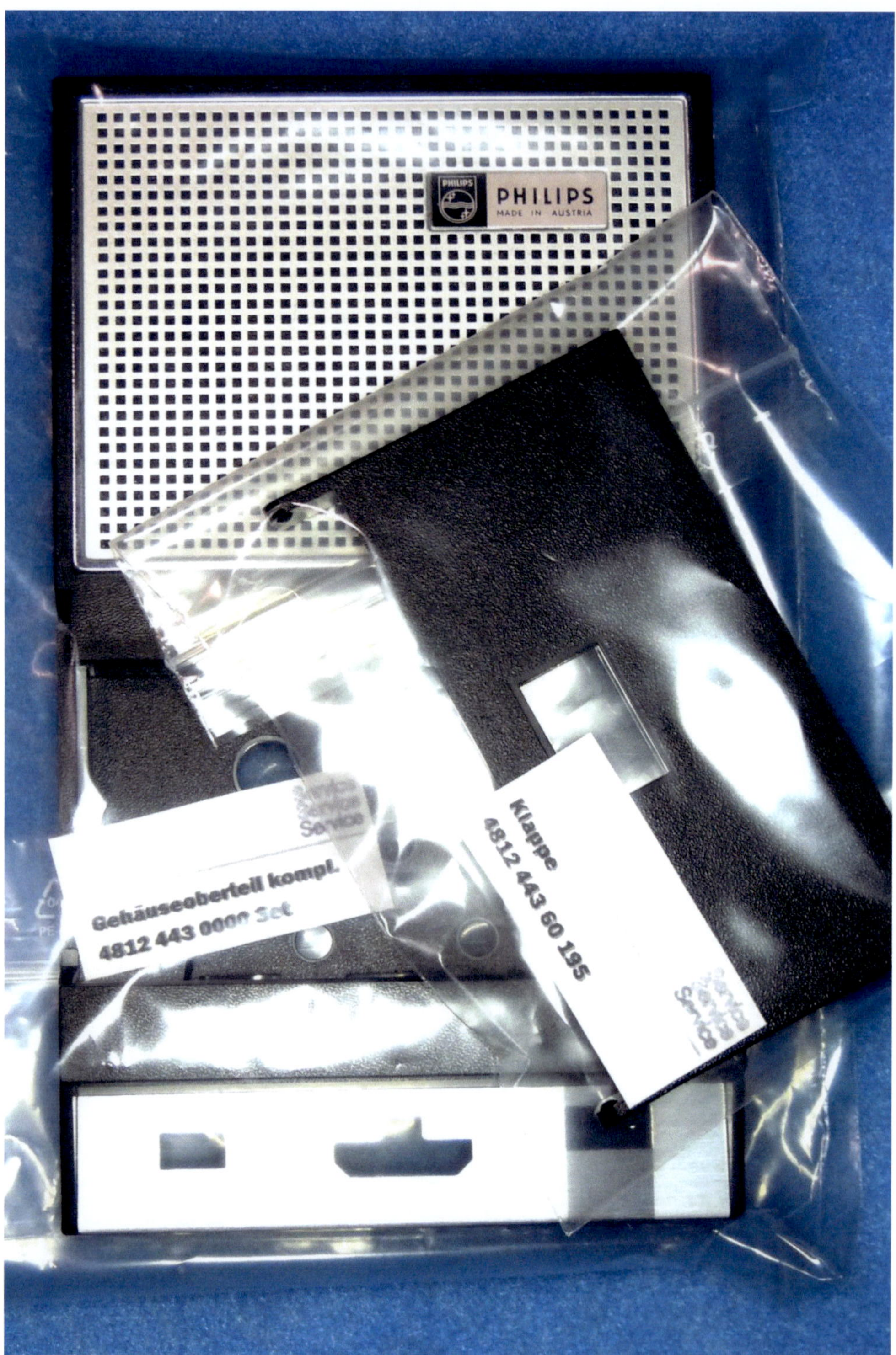

PHILIPS
MADE IN AUSTRIA
Gehäuseoberteil kompl.
4812 443 0000 Set
Klappe
4812 443 60 195

PHILIPS
MADE IN AUSTRIA
Gehäuseoberteil kompl.
812 443 0000 Set
Service
STOP

PHILIPS
PHILIPS
MADE IN HOLLAND

Allgemeine Einstellungen mit der BLAUPUNKT Bandzug-Cassette:

Die Bandzug-Cassette ermöglicht eine schnelle Prüfung der Kraft, die das System Capstanwelle/Gummiandruckrolle erzeugt.

Allgemeine Einstellungen mit der BLAUPUNKT Frequenzgang-Cassette:

Vor jeder Prüfung sollten Kopf und Bandführung gereinigt werden. Außerdem ist der A/W-Kopf zu entmagnetisieren. Teil 1: Bezugspegel 333 Hz. Der Pegelton ergibt beim Abspielen den Bezugspegel. Teil 2: Spalteinstellung des A/W-Kopfes mit den Frequenzen 6,3 kHz, 8 kHz und 10 kHz. Es wird mit einem Millivoltmeter am Lautsprecherausgang gemessen. Teil 3: Geschwindigkeitseinstellung mit 50 Hz, Messung mit einer Vergleichsfrequenz und z.B. dem PHILIPS Messgerät 801/CSS. Bei Wow und Flutter-Messgeräten wird die Frequenz 3150 Hz verwendet. Teil 4: Frequenzgang mit unterschiedlichen Frequenzen zur Kontrolle.

Allgemeine Einstellungen mit PHILIPS Test-Cassette 812/MCT und Service-Set 800/CSS:

Seite 1: Messung mit PHILIPS Messgerät 800/CSS der Geschwindigkeit. Frequenz 50 Hz. Das Messgerät wird an das 220 V/50Hz Netz angeschlossen. Der Lautsprecherstecker wird in den Recorder gesteckt, Mess-Cassette einlegen. Es werden nun beide Frequenzen verglichen. Mit dem Potentiometer zur Geschwindigkeitseinstellung am EL 3302 (sowie alle anderen Recorder) wird die Geschwindigkeit eingestellt, indem das Messgerät Schwebungsnull anzeigt.

Das verbesserte Service-Set 801/CSS besitzt 2 zusätzliche Instrumente. Mit diesen Instrumenten und der Cassette 812/MCT (Seite 2: 8kHz) lässt sich nun auch optisch der Kopfspalt des A/W- Kopfes einstellen. Mono und Stereo.

Allgemeine Einstellungen mit Drehmoment-Messgerät ITT DMM-3:

Soweit keine anderen Werte in der Gerätedokumentation angegeben sind, liegt das optimale Drehmoment der Aufwickelfriktion zwischen 30 und 50 g/cm.

Allgemeine Einstellungen mit der PHILIPS Drehmoment-Cassette 811/CTM:

Fehler, die ungleichmäßigen Bandlauf verursachen, entstehen dadurch, dass die Bandzugwerte des Recorders verändert sind. Fehlerursachen: Falsche Werte des Bandzuges... einstellen. Rutschende Antriebspesen... wechseln. Lagerung und Funktion der Tonwelle... ölen. Rutschende Andruckrolle... wechseln. Die Aufwickelspule sollte zwischen 30 und 50 g/cm liegen, die linke Spule sollte 5 g/cm anzeigen.

Allgemeine Einstellungen mit der Kopf-Einstell-Lehre:

Mit dieser Einstellhilfe wird die Grundeinstellung des Löschkopfes und des A/W-Kopfes hergestellt. Eine Feineinstellung ist mit einer Kopfeinstell-Cassette durchzuführen.

Allgemeine Einstellungen mit der PHILIPS TC-S SERVICE TEST-Cassette:

Es ist eine Präzisions-Cassette mit äußerst geringen Toleranzen, besonders für Hi-Fi-Cassettengeräte. Zur Kontrolle und Justage von Azimut des A/W-Kopfes und der Bandgeschwindigkeit.

Allgemeine Einstellungen mit PHILIPS TC-A-Cassetten:

TC-A 6.3 mit 6300 Hz zur Justage des A/W-Kopfes, TC-A 10 mit 10 kHz zur Justage des A/W-Kopfes

Allgemeine Einstellungen mit PHILIPS TC-FL-Cassetten:

TC-FL 3 mit 3000 Hz zur Messung von Jaulen, Flattern und Geschwindigkeit, TC-FL 3.15 mit 3150 Hz zur Messung von Jaulen, Flattern und Geschwindigkeit.

Allgemeine Einstellungen mit PHILIPS 814/SMC-Cassette:

Schnelle Überprüfung des Bandlaufs mit Hilfe des eingebauten Spiegels.

Allgemeine Einstellungen mit KÖNIG Bandlauf-Spiegelcassette CSC 21:

Die Cassette erlaubt eine schnelle Überprüfung der Bandlaufeigenschaften. Das Klarsichtvorspannband dient zur optischen Überprüfung der Köpfe. Das FE-Band dient zur Kontrolle der Bandlaufeigenschaften.

Allgemeine Einstellungen mit KÖNIG Drehmoment-Messcassette DMC 100:

Zeigt das Aufwickeldrehmoment an. Das Besondere ist, dass sie an allen 5 Seiten anzeigt. Die DMC 100 misst das Drehmoment bei normalen Lauf, schnellem Vor- und Rücklauf, in allen Geräten, auch Autoradio und Autoreverse. Werte zwischen 30 und 50 g/cm sollten angezeigt werden.

Allgemeine Einstellungen mit KÖNIG Geschwindigkeits-Einstell-Cassette GE 50:

Mit Hilfe einer netzbetriebenen Leuchte, kein LED, wird die Bandgeschwindigkeit optisch auf dem Stroboskop eingestellt. Bei richtiger Einstellung kommen die Segmente auf der Stroboskop-Scheibe scheinbar zum Stehen.

ALLE EINSTELLARBEITEN UND SCHMIERUNGEN FÜR DEN NEUAUFBAU DES PHILIPS EL 3302 SIND IN DEN SCHALTUNTERLAGEN HINREICHEND DOKUMENTIERT!

Lou Ottens entwickelte den weltersten Pocket-Recorder EL 3300 mit seinem Team. Alles begann mit einem Holzklotz, der in Lou Ottens Manteltasche passen sollte.

Nun bist du in einem neuen Gewand,

bekommst auch neues Cassetten-Band.

Auch innen bist du jetzt neu,

wie sehr ich mich doch freu'!

MP3 und digitales Zeug gibt es,

macht bei der Handhabung aber nur Stress.

Da bleibe ich der analogen Technik treu,

auch wenn ich mich vor der neuen Technik nicht scheu'.

Dein Aussehen ist nun wieder sehr gut,

schließlich bist du auch ein wichtiges Kulturgut.

Nun spiel' wieder Abba, Deep Purple, Led Zeppelin,

denn auch dein Chassis ist wieder völlig clean!

WOELHE WOW AND FLUTTER METER
ME 110
Compact Cassetten Recorder PHILIPS EL 3300
Danke, Lou Ottens, Peter van der Sluis und
Johannes Jozeph Martinus Schoenmakers
für diese geniale Erfindung
Compact Cassette, MusiCassette & Recorder
C30
PHILIPS
Ein Bildband von Uwe H. Sültz

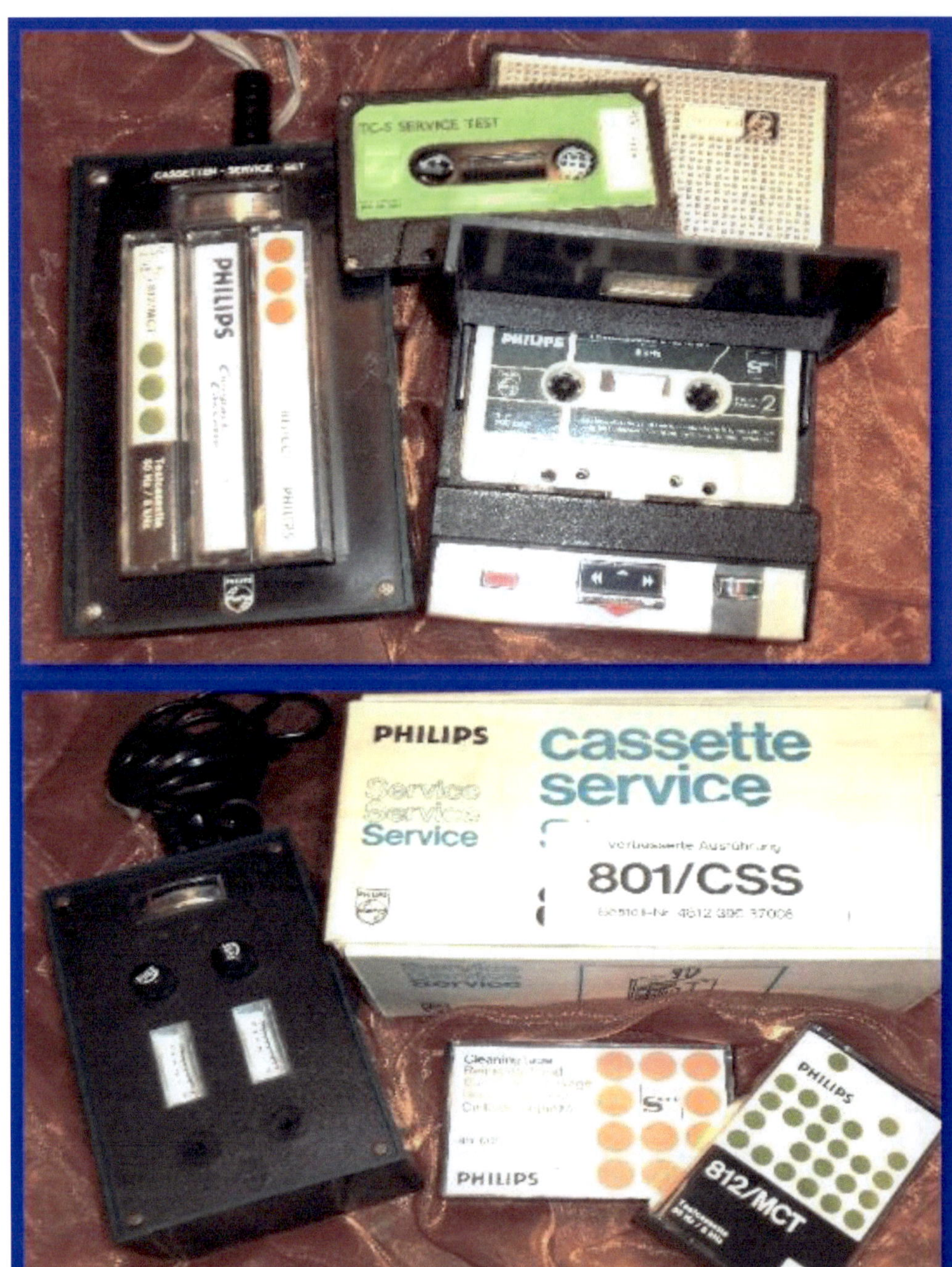

CASSETTEN - SERVICE - SET
PHILIPS
TC-S SERVICE TEST
PHILIPS
812/MCT
PHILIPS
cassette
service
Service
Service
801/CSS
PHILIPS
PHILIPS
812/MCT

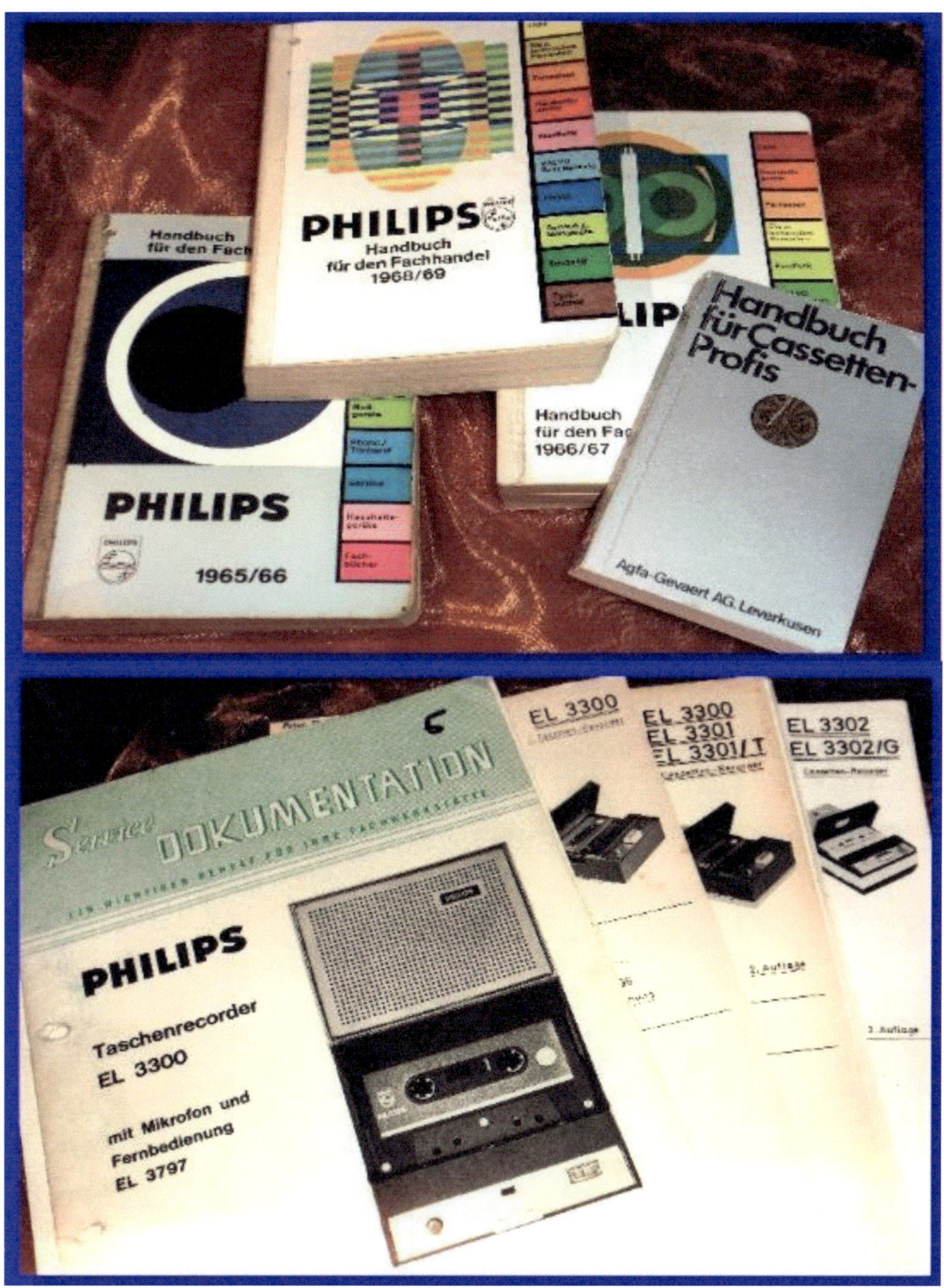

Service
Service
Service
DMM-3
[cmp]
0
10
20
30
40
50
60
70
80
90

YES – WRITE – NO
cotch
BRAND
E B

TDK HEAD DEMAGNETIZER model HD-01
7060E
33 µF 6v
Service

SRK-CT
g-cm
g-cm
SRK-CT
100
20
80
40
60
40
60
80
80
Service
Service
Service

Geschwindigkeits-Einstell-Cassette GE 50
Speed Adjustment Cassette GE 50
Cassette de reglage de la vitesse GE 50
100
50
0
Made in W.-Germany
KÖNIG
4907

Bandlauf-Spiegelcassette BSC 21
Tape Path Mirror Cassette BSC 21
assette de contrôle de défilement de bande avec miroir BS
Made in W-Germany
KÖNIG
4910

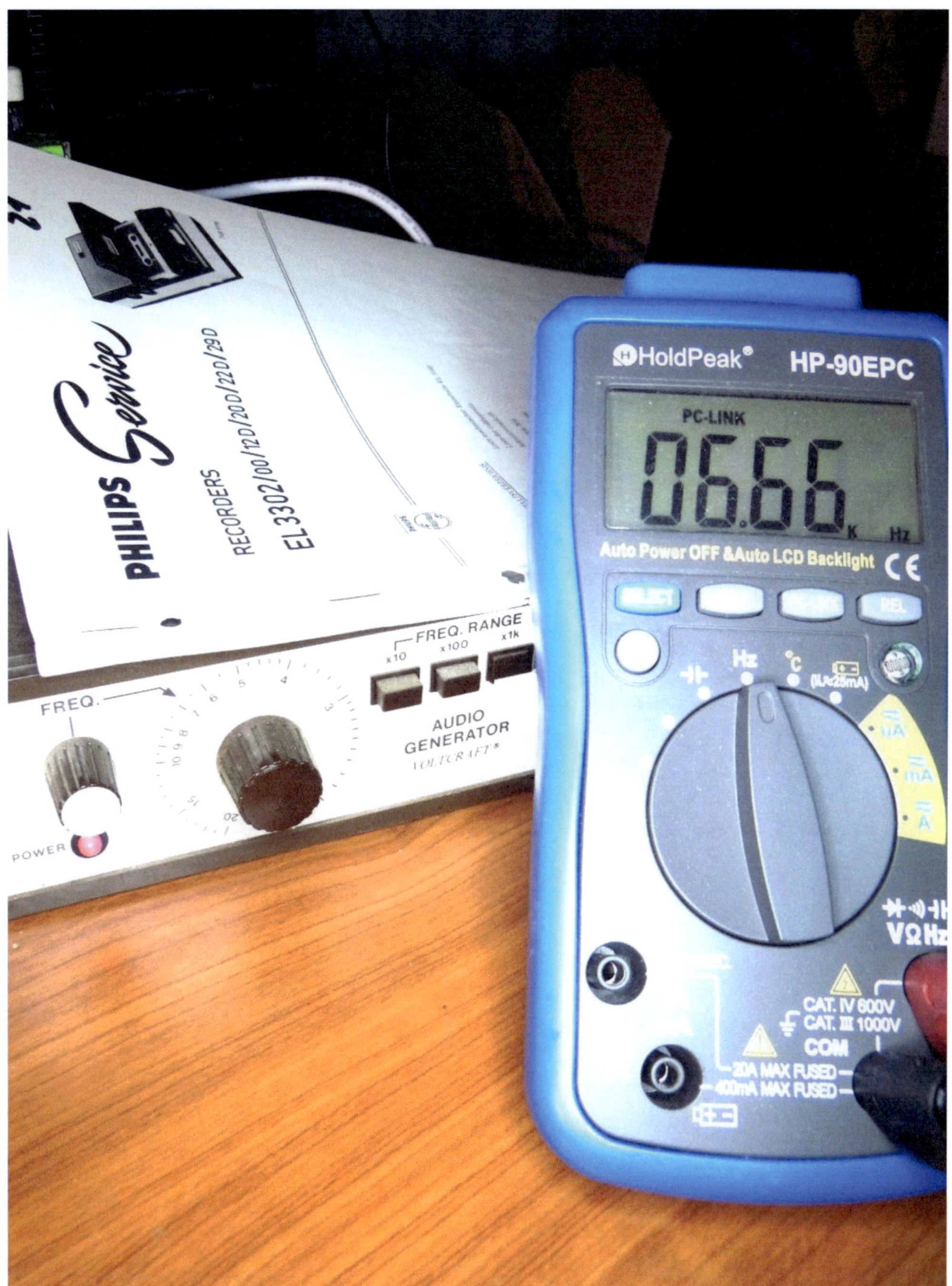

PHILIPS Service
RECORDERS
EL3302/00/12D/20D/22D/29D
FREQ. RANGE
x10 x100 x1k
FREQ.
POWER
AUDIO
GENERATOR
VOLTCRAFT®
HoldPeak® HP-90EPC
PC-LINK
06.66 K Hz
Auto Power OFF &Auto LCD Backlight
Hz
°C
VΩHz
CAT. IV 600V
CAT. III 1000V
COM
20A MAX FUSED
400mA MAX FUSED

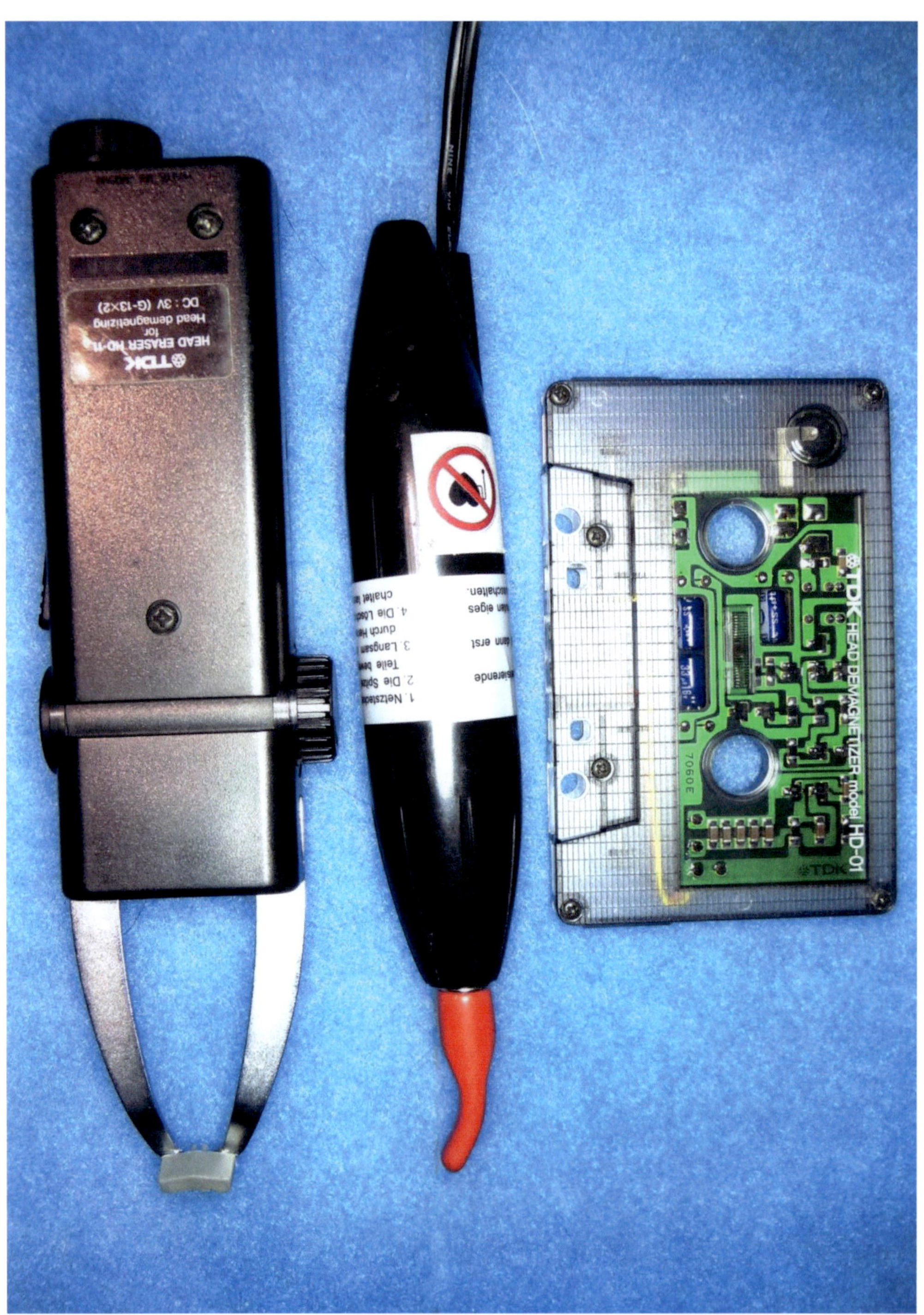

TDK
HEAD ERASER HD-11
for
Head demagnetizing
DC : 3V (G-13×2)
MADE IN JAPAN

TDK HEAD DEMAGNETIZER model HD-01
TDK
7060E

DMM - 3
[cmp]
0 10 20 30 40 50 60 70 80 90

Dreiklang Fe.
10 kHz
Cassette Dolbypegel
400 Hz
Cassette für Geschwindigkeit
3150 Hz 4,75 cm/s
16.9.

BLAUPUNKT
BOSCH Gruppe

Bandzug-
Cassette

Driving Power
Cassette

BP/VKD 8 627 105 384

BLAUPUNKT   Kundendienst   Autoradio
Bandzug-Cassette
Driving Power Cassette   gcm
1 gcm ≙
≈ 0.01 Ncm
300   150   0
1 gcm ≙
1 pcm
BLAUPUNKT
BOSCH Gruppe
BP/VKD 8 627 105 384
Vorlauf / play / wind ▶
© 1989

Testcassette
PHILIPS
SERVICE TEST
TC-S SERVICE TEST
PHILIPS
100 50 0
MADE IN HOLLAND
8945 600 13501
Compact Cassette

PHILIPS
812/MCT
Testcassette
50 Hz / 8 kHz
SERVICE
7435 013
PHILIPS
Testcassette 812/MCT
8 kHz
4812 397 37001
SERVICE
PHILIPS
D. P.
7435 013.2
Made in
Germany
2
Urheber- und Leistungsschutzrechte, besonders Vervielfältigung (außer zum
persönlichen Gebrauch), Vermietung, Aufführung, Sendung, vorbehalten.

PHILIPS
PHILIPS
1
PHILIPS
PHILIPS
2

◄ YES – WRITE – NO ►
Scotch®
BRAND
DIGITAL
CASSETTE
SIDE B

AGFA
SERVICE-CASSETTE
Geschwindigkeitskontrolle
Speed test
50 Hz
Contrôle de la vitesse de défilement
No: 131-85
Agfa
Geschwindigkeitskontrolle
Speed test
50 Hz
Contrôle de la vitesse de défilement
No: 131-85
AGFA

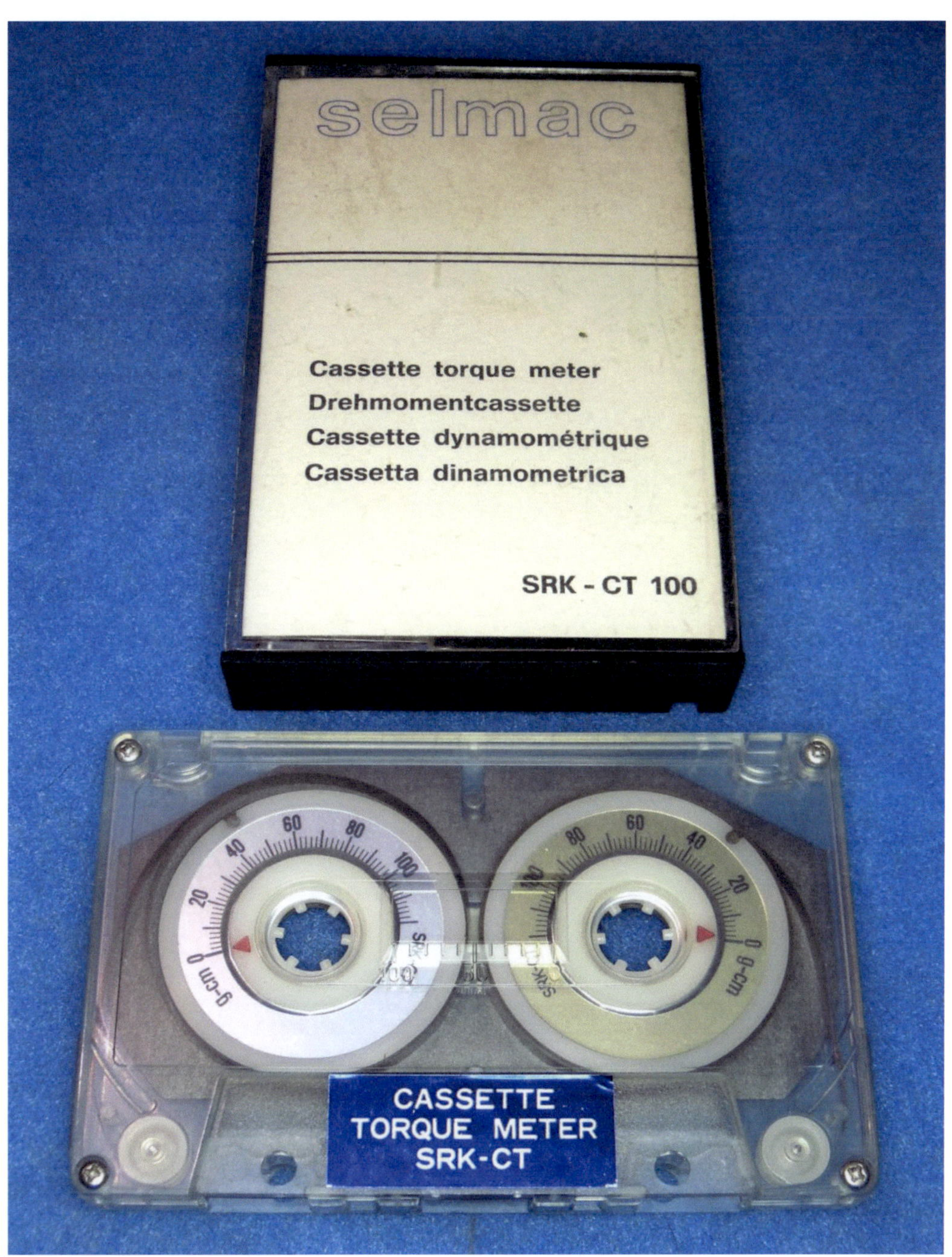

selmac
Cassette torque meter
Drehmomentcassette
Cassette dynamométrique
Cassetta dinamometrica
SRK - CT 100
CASSETTE
TORQUE METER
SRK-CT

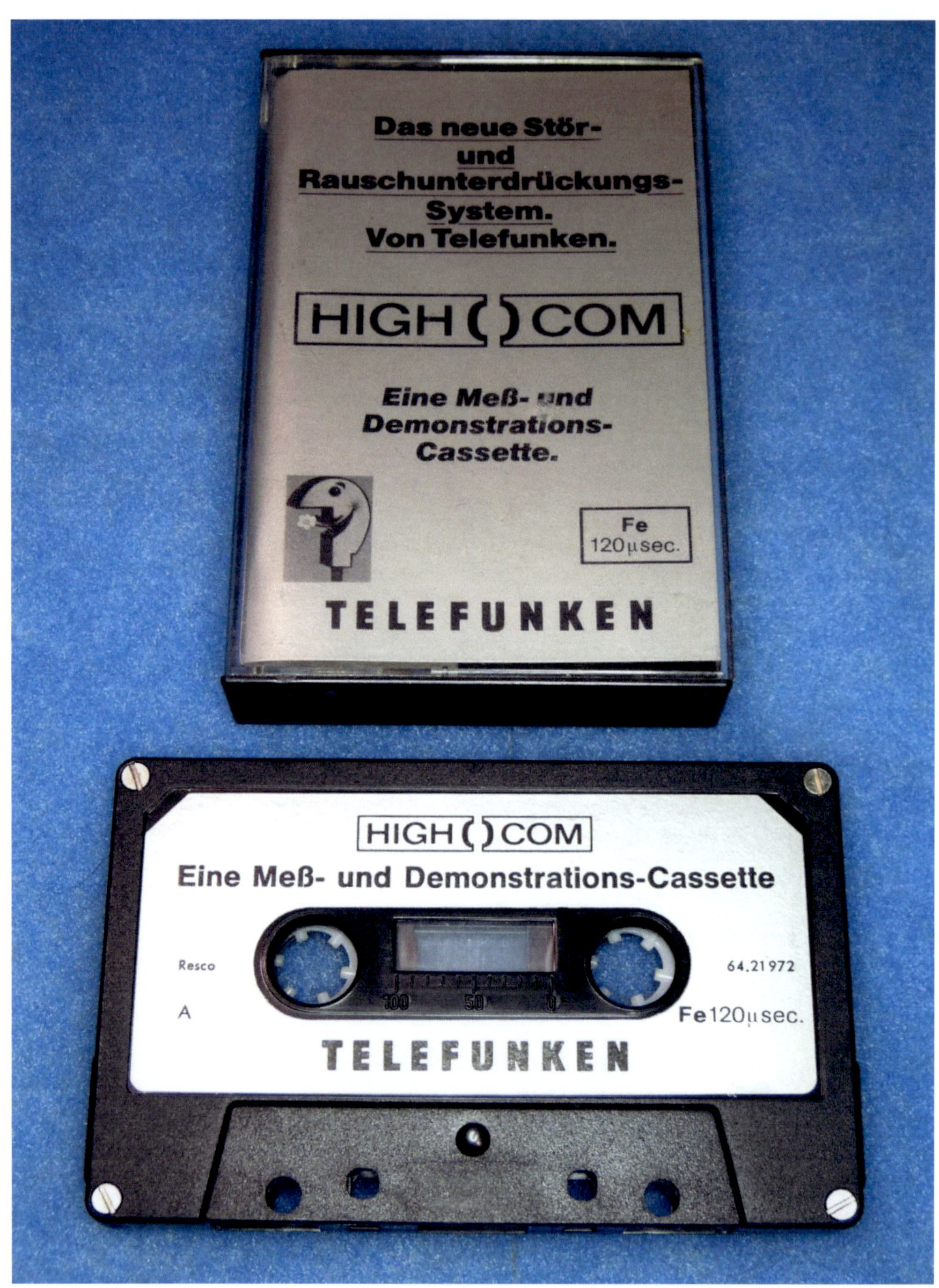

Das neue Stör-
und
Rauschunterdrückungs-
System.
Von Telefunken.
HIGH ( ) COM
Eine Meß- und
Demonstrations-
Cassette.
Fe
120µsec.
TELEFUNKEN

HIGH ( ) COM
Eine Meß- und Demonstrations-Cassette
Resco
A
64.21972
Fe 120µsec.
TELEFUNKEN

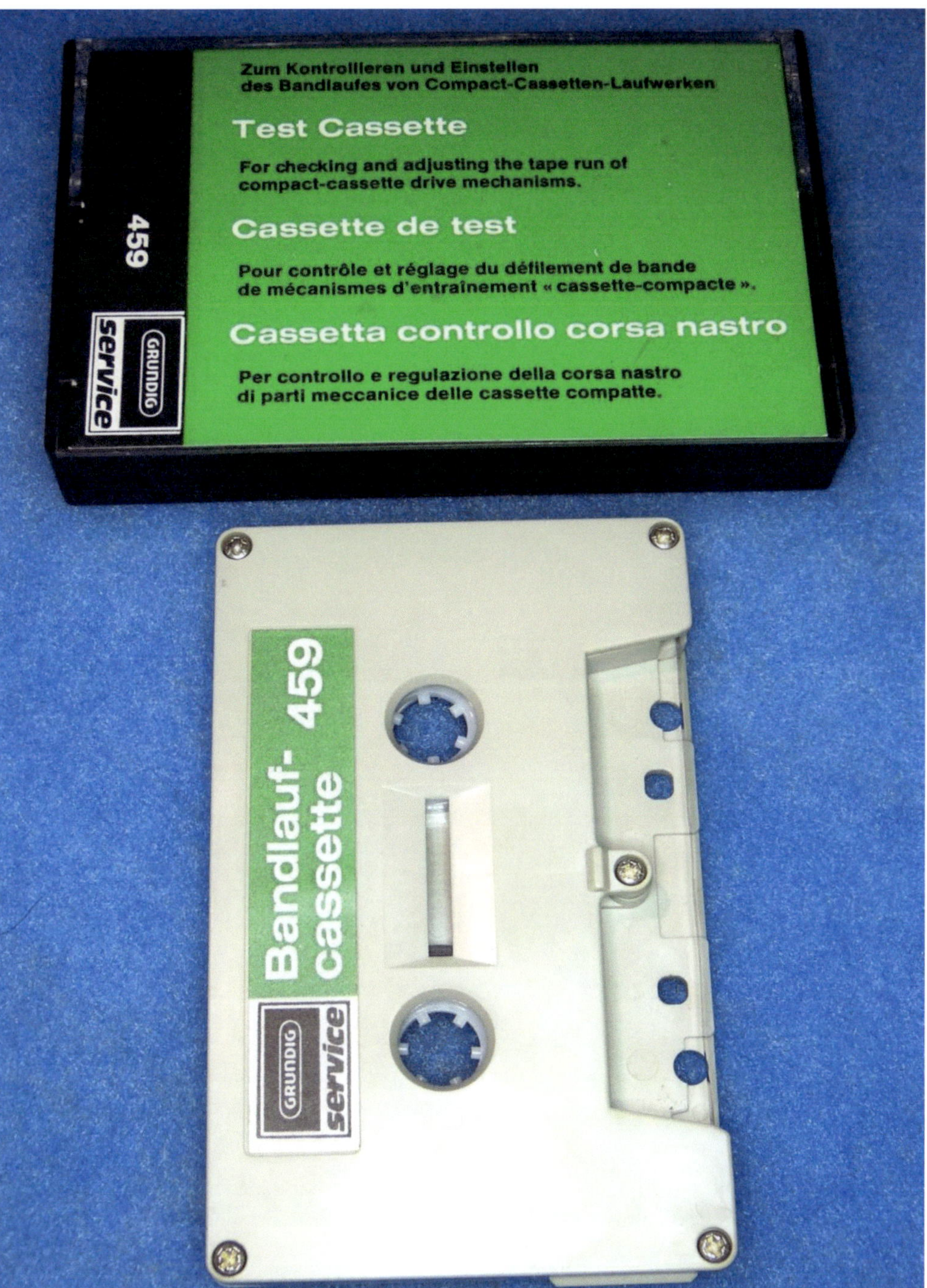
Zum Kontrollieren und Einstellen
des Bandlaufes von Compact-Cassetten-Laufwerken
Test Cassette
For checking and adjusting the tape run of
compact-cassette drive mechanisms.
Cassette de test
Pour contrôle et réglage du défilement de bande
de mécanismes d'entraînement « cassette-compacte ».
Cassetta controllo corsa nastro
Per controllo e regulazione della corsa nastro
di parti meccanice delle cassette compatte.
459
GRUNDIG service
Bandlauf- 459
cassette
GRUNDIG service

OHMS
OHMS
822/493
1KΩ/V DC AC
0Ω ADJ.
600V
KΩ
150V
ACV -DC-Ω 150mA 15V

Cassette
Torque Meter
Service
Service
Service
811|CTM
PHILIPS
made in Holland
g-cm
SRK-CT
SRK-CT
100
80
60
40
20
100
80
60
40
20

KÖNIG
Geschwindigkeits-Einstell-Cassette GE 50 II für 2 Geschwindigkeiten
Speed Adjustment Cassette GE 50 II for two speeds
Cassette de réglage de la vitesse GE 50 II pour deux vitesses
4907
Geschwindigkeits-Einstell-Cassette GE 50 II
Speed Adjustment Cassette GE 50 II
Cassette de réglage de la Vitesse GE 50 II
6,3 kHz
± 2 %
− 15 dB
± 2 dB
100 50 0
Made in W.-Germany
KÖNIG
4907

KÖNIG
Drehmoment-
Meßcassette
DMC 100
Torque Meter
Cassette DMC 100
Cassette pour
mesurer le couple
de rotation
DMC 100
4909
Drehmoment-Meßcassette DMC 100
Torque Meter Cassette DMC 100
gcm
1 gcm ≙
≈ 0,01 Ncm
100   50   0
1 gcm ≙
1 pcm
Rücklauf / rewind / arrière
KÖNIG
4909
41 / 8

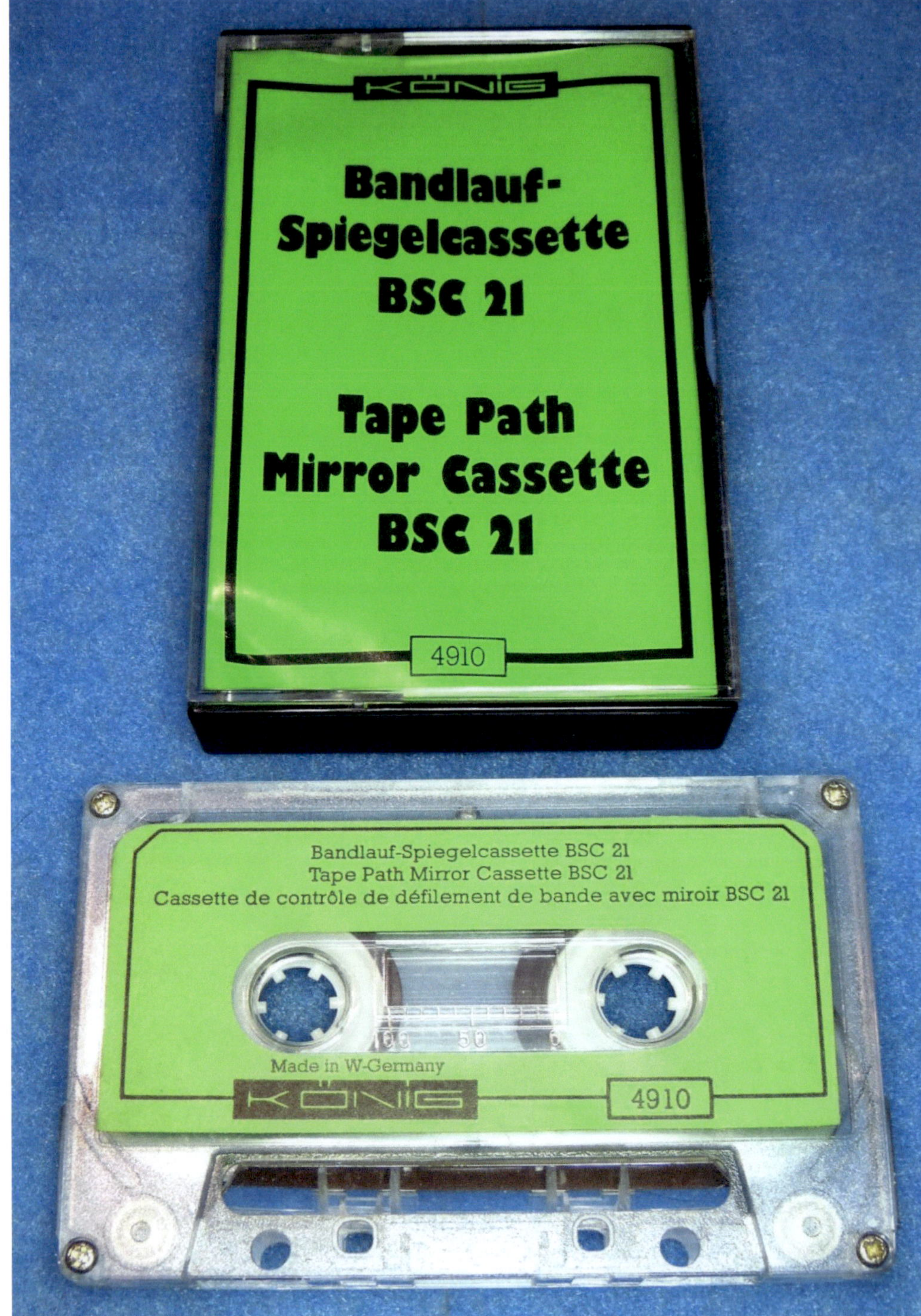
KÖNIG
Bandlauf-
Spiegelcassette
BSC 21

Tape Path
Mirror Cassette
BSC 21
4910
Bandlauf-Spiegelcassette BSC 21
Tape Path Mirror Cassette BSC 21
Cassette de contrôle de défilement de bande avec miroir BSC 21
Made in W-Germany
KÖNIG
4910

PHILIPS
SERVICE
4822 395 90054
Head cleaning cassette
Cassette de nettoyage
Reinigungscassette
Reinigingscassette
Cassete de limpieza
PHILIPS
1 3 5 7 9
811|CCT
Service
Service
Service
Head cleaning cassette
Reinigingscassette
Cassette de nettoyage
Reinigungscassette
Cassette de limpieza
100 50 0
1
PHILIPS
made in Holland

MAGNET
KÖPFE
Servicestab
VEB Robotron — Goldpfeil — Magnetkopfwerk

1 Klebeschiene
2 Bandklammern
1 Plastpinzette
1 Spezialschraubendreher
Schrauben
1 Klingenhalter
1 Industrieklinge
2 Andruckfilze
VEB MAGNET
Betrieb im VEB FOTO

Testen Sie mal . . .
Zusammengestellt von Arman Amler
TESTEN SIE MAL
magna
music mobile
TESTEN SIE MAL
. . . Ihren Cassettenrecorder und Ihre Stereo-Anlage
DOLBY SYSTEM
magna
tonträger
GEMA
STEREO
MONO
A
MM 183
Urheber- und Leistungsschutzrechte, besonders Vervielfältigung
(außer zum persönlichen Gebrauch), Vermietung, Aufführung,
Sendung vorbehalten.
Made in Western Germany

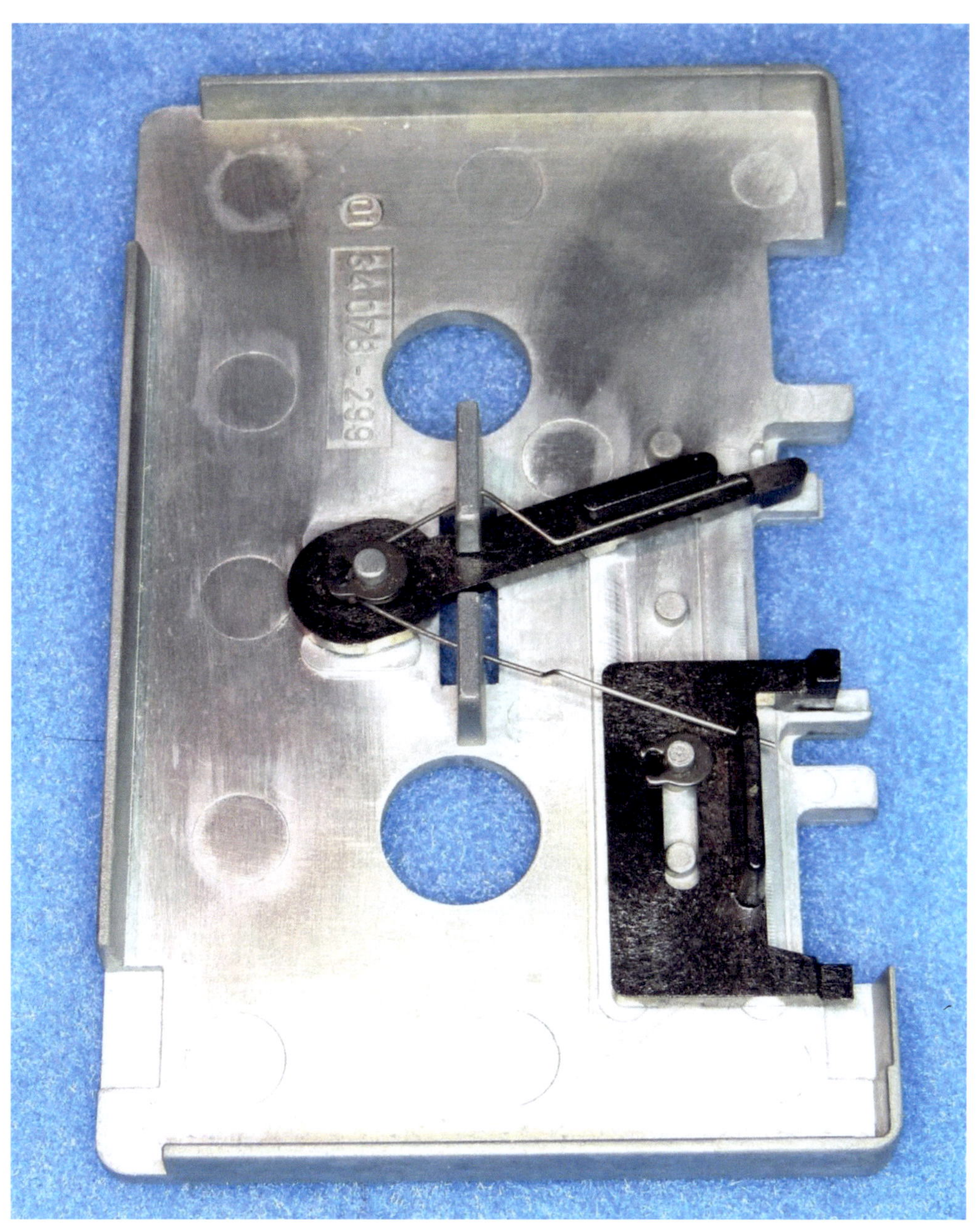

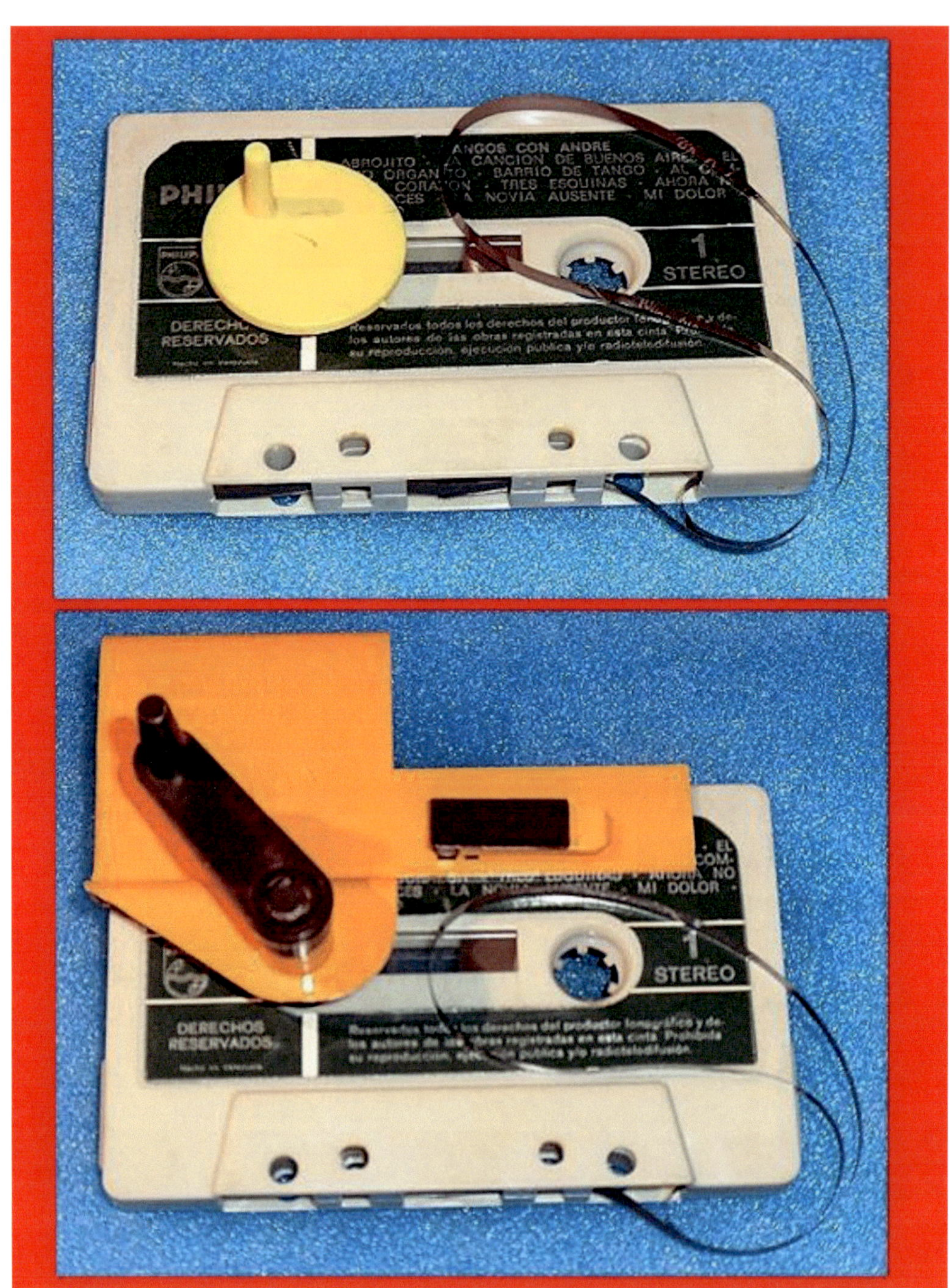
TANGOS CON ANDRE
ABROJITO · LA CANCION DE BUENOS AIRES · EL
ORGANITO · BARRIO DE TANGO · AL
CORAZON · TRES ESQUINAS · AHORA
CES · LA NOVIA AUSENTE · MI DOLOR
PHILIPS
1
STEREO
DERECHOS
RESERVADOS
EL
COM-
NO
MI DOLOR
1
STEREO
DERECHOS
RESERVADOS

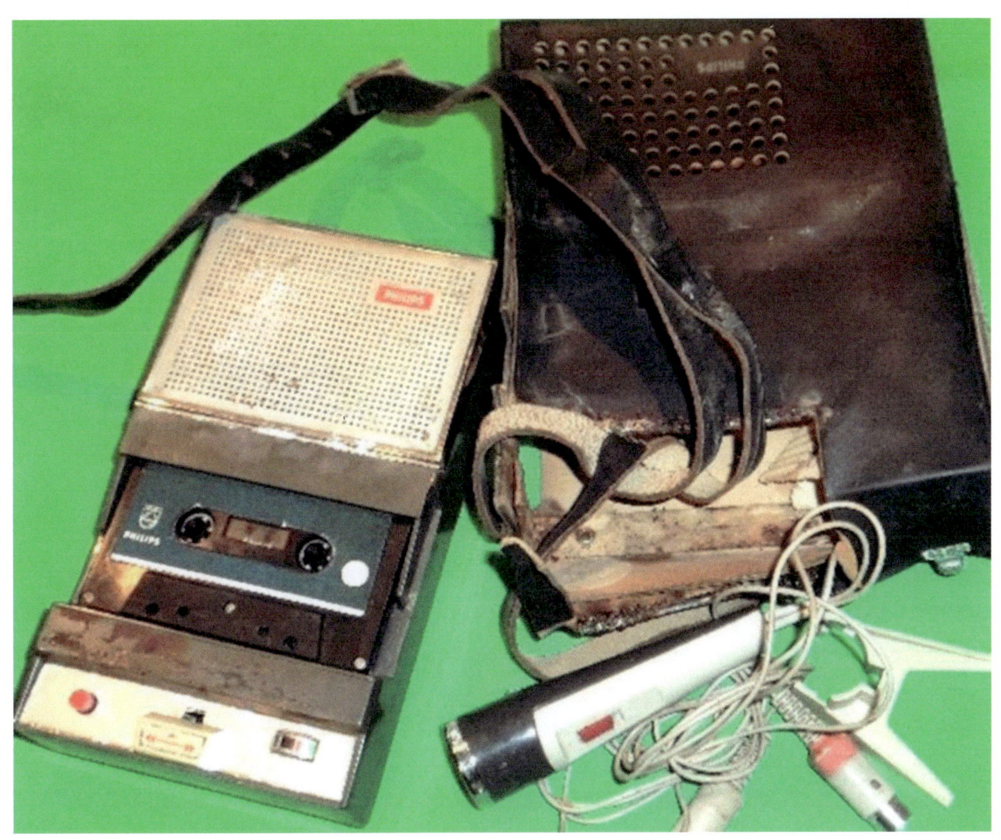

Der oben abgebildete und total abgerockte Compact Cassetten Recorder PHILIPS EL 3300 hat viel erlebt und viel zu erzählen:

Original Oberkrainer – Der erste Cassettenrecorder im Audi 100 LS

meines Vaters war ein PHILIPS EL 3300. Es war die erste Version dieses Typs. Er hatte höhere seitliche Stege rechts und links am Bedienfeld. Ebenso keine seitlichen Nasen an der Cassettenklappe. Vorher war der Recorder bereits in seinem DKW Junior de Luxe im Einsatz. Unser gemeinsamer Sommerurlaub führte uns immer 800 Kilometer in den Süden, ins Salzburger Land. Und ob nun mit einem DKW oder Audi, 800 Kilometer sind lang, gerade wenn es nur eine Cassette zu hören gab. Wenigstens hatte eine Compact Cassette zwei Seiten. Mutter war eigentlich für das Wechseln der Cassette zuständig. Sie war aber viel zu beschäftigt, um nach weiteren Cassetten zu suchen. Sie hatte mit ihren Haaren zu tun. Schaffte sie es nicht bis zum Urlaubsort die Haare nach ihren Vorstellungen zu richten, so wurde kurzer Hand der Perückenkoffer aus dem Kofferraum geholt und in Sekundenschnelle saß die Frisur perfekt. Mutter drehte also ständig die gleiche Cassette um, und das genau nach 45 Minuten plus eine Karenzzeit, in der bemerkt wurde, dass die Musik zu Ende war und nur noch das Motorgeräusch des 85 PS Boliden zu hören war. Nun gut, mit meinen Freunden hörte ich gern The Sweet und andere Glam Rock-Gruppen. Nun gab es aber über 9 Stunden Slavko Avseniks Original Oberkrainer. Jedes Lied, jedes gesungene Wort stempelte sich in meinem Kopf fest ein, auch heute noch. Auf der Rückfahrt gab es dann endlich eine andere Musik. Es war wieder eine dieser giftgrünen BASF C 90-Cassetten. Dieses Mal mit deutschen Schlagern. Wieder wurde diese Cassette von Mutter nur gewendet und gewendet. Denn es gab wieder das Problem mit den Haaren, schließlich wollten wir alle erholt nach dem Urlaub aussehen. Jetzt gab es das Problem, dass Cindy und Bert sich immer wieder nur an ihren Sonntag erinnern wollten, es gab kein Dienstag, kein Donnerstag, nur „immer wieder sonntags…". Übrigens lagen weitere Cassetten unter den Vordersitzen.

Sie wissen nicht was sie singen – In Vaters Audi gab es dann

irgendwann ein Stereo-Autoradio. Den Recorder EL 3300 bekam ich. Auch die Cassetten, ja, auch die Cassetten mit den Oberkrainern, aber nur die Original Oberkrainer von Slavko Avsenik. Und „Immer wieder sonntags" habe ich auch gefunden. Die Großzügigkeit meines Vaters hatte aber auch einen Hintergedanken. Er stellte seine zukünftige Compact-Cassetten-Sammlung auf Chromdioxid um. Ferro-Bänder verschmutzten die Köpfe, die Welle und die Andruckrolle viel schneller und sorgten auch für mehr Abrieb. Nun, wie auch immer, ich besaß nun einen Compact-Cassetten-Recorder PHILIPS EL 3300. Von meinem Taschengeld kaufte ich eine echte Ledertasche und ein klasse Mikrofon zum Recorder, alles original PHILIPS. Nun begann auch für mich die Zeit der Musikaufnahmen mit dem Mikrofon. Entweder klebte ich das Mikro vor den Fernsehlautsprecher oder vor den Radiolautsprecher. Weden der Fernseher noch das Radio hatten einen fünf-poligen DIN-Anschluss. Mel Sondock, Disco, Hitparade und Co. waren meine Favoriten. Natürlich hatte ich das gleiche

Problem wie 99% meiner Leidgenossen, denn Mutter kam einfach immer im falschen Augenblick ins Zimmer und rief: „Komm' zum Abendessen in die Küche!" Dieser Satz mischte sich nun mit „Wig-wam bam, gonna make you my man… wam bam bam, gonna get you if I can".

Aber auch alle meine Verwandten habe ich aufgenommen. Und Omas Kanarienvogel Kucki kam so richtig in Stimmung wenn er den Kollegen aus dem Lautsprecher hörte. Mein Opa kam mit der von mir aufgenommenen Musik von The Sweet und Co. nicht wirklich zurecht. Heideröschen und so waren Omas und Opas Hits. Jetzt spielte englische Musik. Mein Opa darauf: „Junge, die wissen doch gar nicht was die singen und spielen, so ein durcheinander. Und dann kriegen die auch noch Geld dafür… und nicht zu wenig!"

Im Englischunterricht – Die neuste Musik war nun als magnetischer Zustand, so nennt man das Verfahren Musik und Sprache auf Band zu bringen, aufgenommen. Ich war einer der ersten Schüler mit einem Compact-Cassetten-Recorder. Zwar kenne ich Musik von Heino, Adamo, Franz Lambert, auch von Rudi Schuricke, aber so ganz mein Ding war das nicht. Für Oma und Opa war Heideröslein bestimmt Popmusik. Ich bin mitten im Glam Rock groß geworden. Auf jeden Fall war ich in meiner Klasse nicht der Pausenclown, sondern der Pausenfüller. Denn es liefen Suzi Quatro, The Sweet und andere Gruppen dieser Zeit. Danach packte ich den Recorder PHILIPS EL 3300 wieder in die Tonne, so nannten wir unsere Tornister, und die neue Unterrichtsstunde begann. Nun kam die strengste Lehrerin in den Klassenraum. „Stop Talking!", rief sie in die Klasse. Englisch war angesagt. Nach etwa 5 Minuten fiel ihr ein Geräusch auf. „Was ist denn da im Flur los? Ist da eine Party?", fragte Frau Reinhardt. Sie ging in den Flur, nichts mehr zu hören. Mir kamen diese Töne auch irgendwie bekannt vor. Es hörte sich an wie T. Rex, mmmh… jetzt wie Gary Glitter. „Wenn jetzt The Sweet spielt, dann hat jemand die gleiche Musik wie ich.", dachte ich. „Wie ich!!!" Ach herein, mein Recorder war eingeschaltet. Vorsichtig griff ich in die Tonne und schaltete den Recorder ganz leise ab. Es hätte bestimmt wieder eine Strafarbeit

gegeben. Etwa: 100 x Ich darf kein Glam Rock während der Unterrichtsstunde spielen lassen!

Die perfekte Klassenarbeit – Meinen Recorder hatte ich nun öfter mit in die Schule genommen. Alle neusten Hits liefen in der Pause. In unserer Klasse trafen sich immer in der Pause die beiden Lehrer für den Chemie-Unterricht. Ich gebe zu, Mathe, Physik und Elektronik, auch der Morseunterricht, gefielen mir, aber nicht Chemie. Mit Vorsatz ist das nun wirklich nicht passiert, was ich jetzt schreibe. Ich nahm in der letzten Pause unseren Gesang auf, ließ den Recorder auf Bereitschaft und stellte die Tonne auf den Boden. Dabei verschob sich wohl der START/STOPP-Schalter am Mikrofon. Nachmittags wollte ich dann Musik hören und was war auf dem Band? Das Gespräch der beiden Chemie-Lehrer für die Klassen A und B. Den Nachmittag verbrachte ich jetzt damit, alle Aufgaben zu lösen. Nun dachte ich, wozu einen Abguckzettel? Ich gebe doch lieber die schönen und sauberen Zettel gleich im Original ab. Gesagt, getan. Herr Weber öffnete die Tafel und die Aufgaben kamen zum Vorschein. Jetzt musste ich mir nur noch die Zeit vertreiben und zum Schluss meine vorbereitete Klassenarbeit abgeben. Resultat: SEHR GUT

Kevin allein zu Haus – Mit dem ersten Recorder EL 3300 machte ich viele Experimente. Meine erste Lichtorgel funktionierte so: Einen extra Lautsprecher an den EL 3300 anlöten. Den Lautsprecher in einen Karton liegend einbauen. Nun hatte ich einen 360 Grad Rundumlautsprecher. In die Membran eine Unterlegscheibe stehend kleben und ein Kabel anlöten. An einen Nagel ebenso ein Kabel anlöten. Nun eine 9 Volt Birne in den Kreis schalten, sowie eine Batterie. Spielt nun die Musik, bewegt sich die Membran, der Nagel hüpft im Takt in der Unterlegscheibe und die Birne leuchtet dazu.

Den Postboten stimmte ich immer so fröhlich: Auf den Recorder nahm ich einen Dank auf: „Danke für die Post!" Das Mikrofon bestand beim EL 33xx aus Mikro und Ein/Aus-Schalter. Das Kabel vom Schalter verlängerte ich und konnte nun den Recorder steuern. Jedes Mal bedankte sich der Postbote für den Gruß.

Aprilscherz – Nun machen wir einen Sprung ins Jahr 2016. Es gab den EL 3300, den EL 3301, den EL 3302, den EL 3303, den EL 3305. Und was ist mit EL 3304? Hier ist er, der EL 3304:

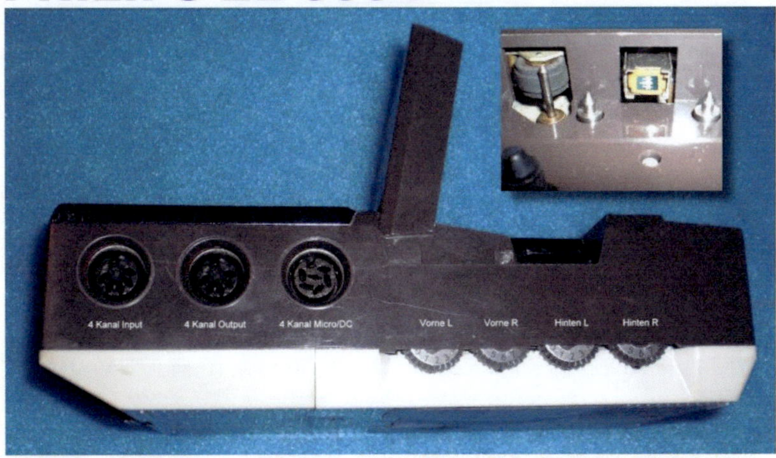

Compact-Cassette
&
Super 8
NORIS
Norimat
mit
PHILIPS
Recorder 3302

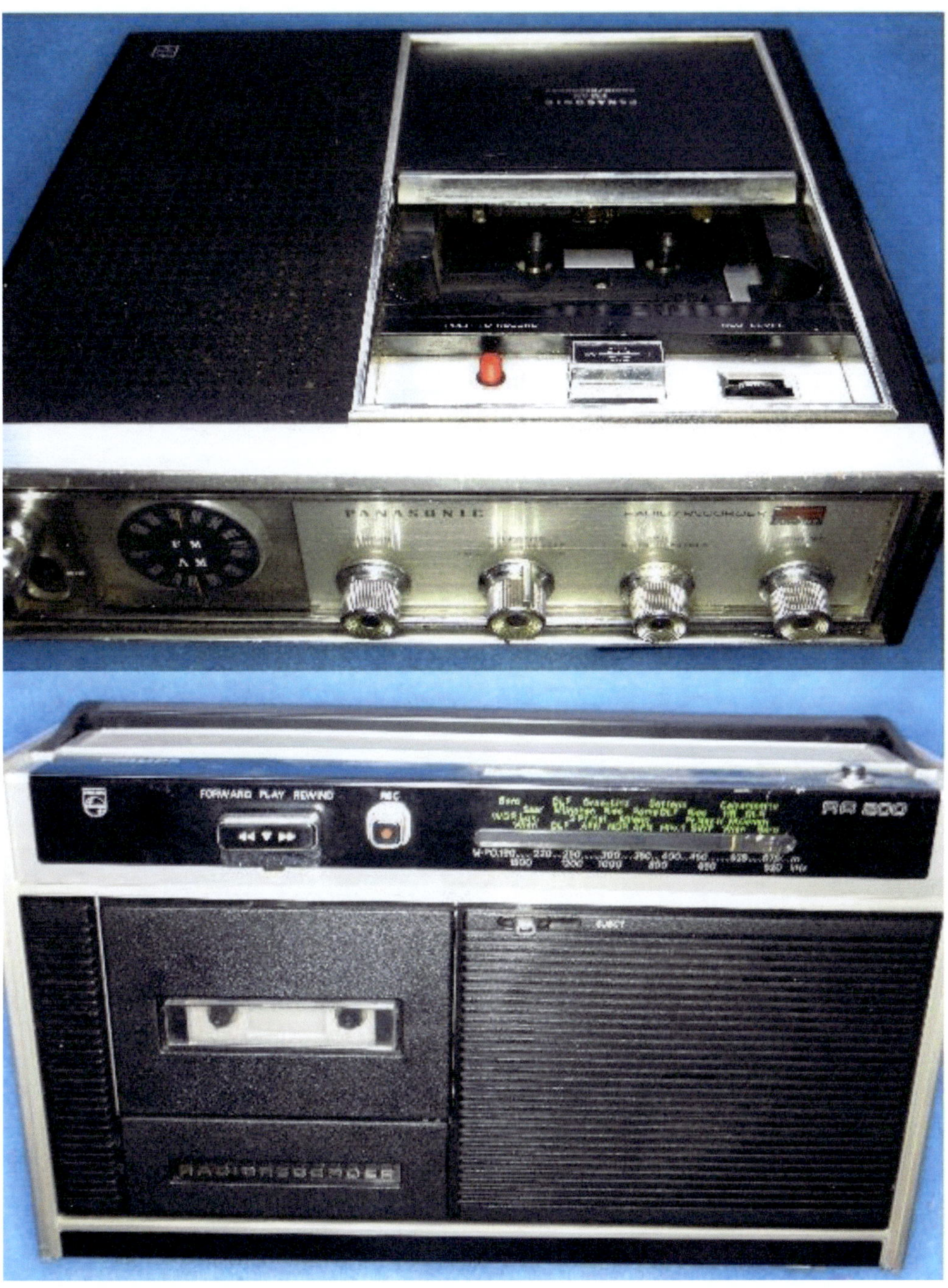

RECORDER 55
GRAETZ

Die **MusiCassetten** - erste fertig bespielte Compact-Cassetten

Ein Bildband mit einer Auswahl an MusiCassetten von PHILIPS und weiteren Herstellern

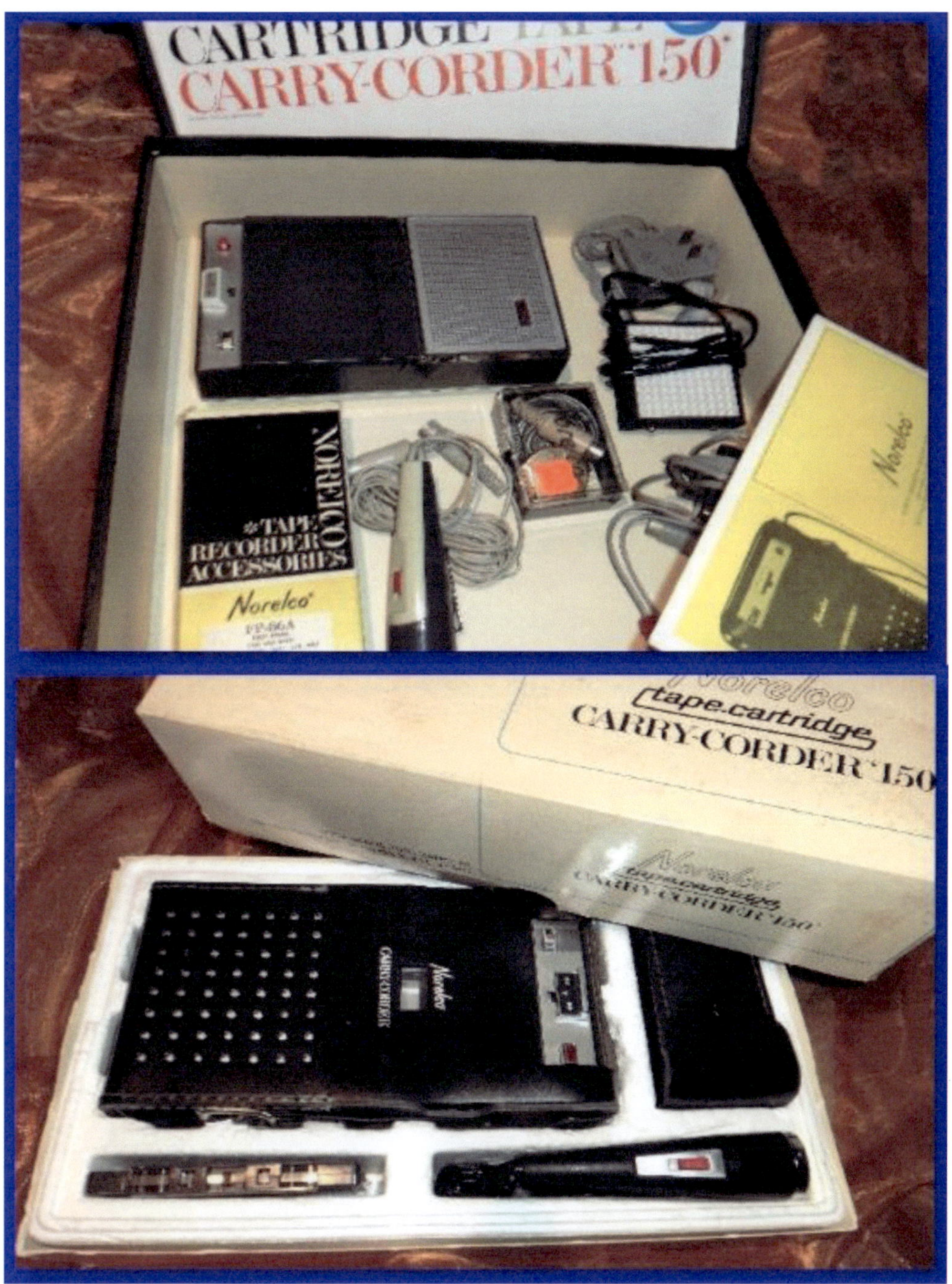
CARTRIDGE TAPE
CARRY-CORDER "150"
Norelco
TAPE RECORDER ACCESSORIES
Norelco
Norelco
norelco
tape.cartridge
CARRY-CORDER "150"
Norelco
CARRY-CORDER

PHILIPS
UKW - ALLTRANSISTOR - EMP
MIT CASSETTEN-

Kalender 2063

100 Jahre Compact Cassetten
1963 - 2063

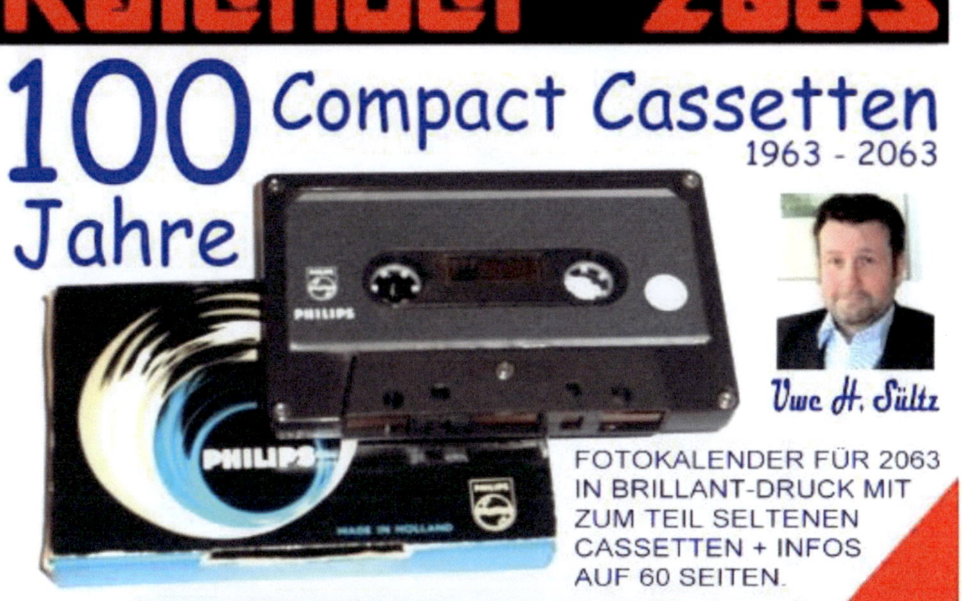

FOTOKALENDER FÜR 2063
IN BRILLANT-DRUCK MIT
ZUM TEIL SELTENEN
CASSETTEN + INFOS
AUF 60 SEITEN.

Uwe H. Sültz
Compact Cassetten
Meilensteine
Bildband
VON 1963 BIS HEUTE
A
Metal Position
TYPE IV
MA-XG90
PHILIPS
Sültz Bücher

Uwe H. Sültz
Compact Cassetten
Meilensteine
Sültz Bücher
CD extra
PHILIPS
von 1963 bis 2003
Bildband
PHILIPS
CHROME POSITION
70 µs EQ
60

Wollensak 4200 CASSETTE LOADING / SOLID STATE / PORTABLE TAPE
Wollensak
PHILIPS

PHILIPS
PHILIPS
Wollensak
3M

PANASONIC

Beide Serien EL 3300 besitzen keinen Löschschutz und keinen Reflektor um den Bandstand zu sehen

EL 3300 erste Serie   EL 3300 zweite Serie

EL 3300 zweite Serie   EL 3301

weitere Unterschiede zwischen EL 3300 und EL 3301

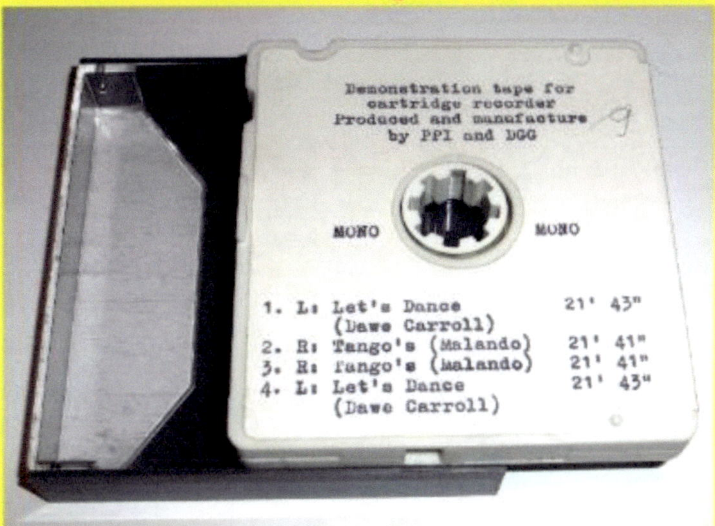

Uwe H. Sültz - Compact Cassetten Bücher

Uwe H. Sültz - Compact Cassetten Bücher

Aufbau der Compact Cassette

DER AUFBAU DER COMPACT CASSETTE

Die welterste Compact-Cassette wurde mit 90 Metern
Bandmaterial ausgerüstet. Die Spieldauer war
2 x 30 Minuten. Die Cassette bestand aus
2 Kassettenhälften, einer Anpressfeder mit Filz,
das dazugeörige Gleitstück, 2 Rollen, 2 Folien,
sowie 5 Schrauben und Muttern. Bei der weltersten
Cassette wurden 4 Schrauben 2x6mm, eine 2x10mm
Schraube, sowie 5 Muttern mit dem Gewindemaß M2
verwendet. MusiCassetten, die fertig bespielt waren,
sind oft zusammengeklebt worden, was eine
Reparatur eines gerissenen Bandes erschwerte.

Uwe H. Sültz - Lünen - Germany

PHILIPS
Uwe H. Sültz
Lünen
Germany

Uwe H. Sültz
Lünen
Germany

Teleton

STEREO
1
BIEM/
STEMRA
DOLBY SYSTEM
Made in West-Germany
All rights of the producer and of the owner of the work reproduced reserved. Unauthorised copying, hiring, lending, public performance and broadcasting of the tape prohibited.
CASSETTE TAPE SPLICER
Made in England   Pat.No.765,366 & Ptd.Pat.No.59599/698

Sicherheit
für Ihr
Autoradio
Blockette
ALARM
B
SIDE
CASSETTE TAPE CALCULATOR
COLLECTION
UK DESIGN
REGISTRATION
PENDING
DUAL
POWER
8 Digit Display
Dual Power
Standard Tape Size
3 Memory Keys
Built-in Mirror
Pocket Size
Teleton

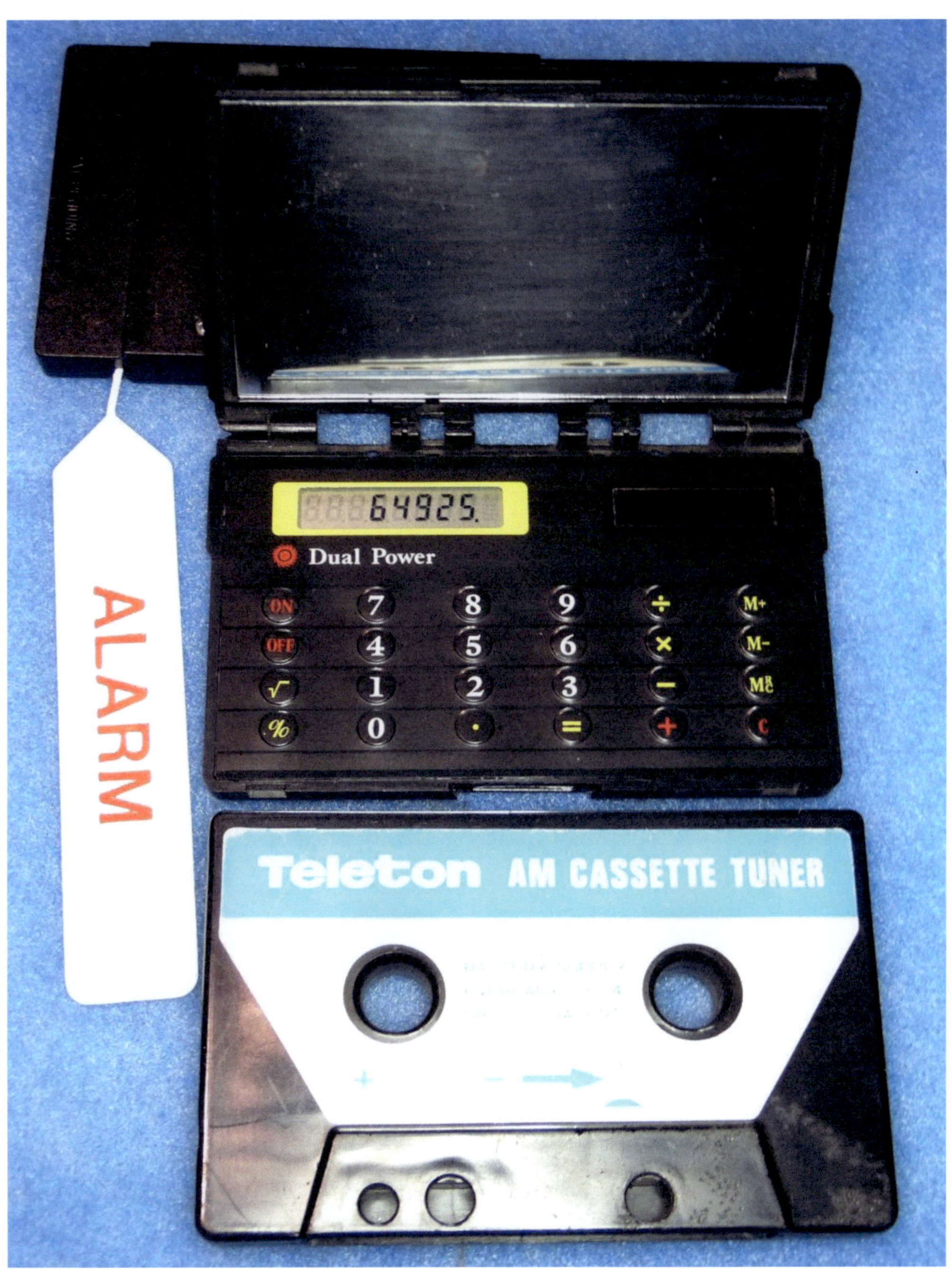
ALARM
64925.
Dual Power
Teleton AM CASSETTE TUNER

PHILIPS
Teleton

Es gab einiges Zubehör für Cassettenrecorder. Nach Bandsalat konnte man mit Aufwickelhilfen den Bleistift beiseitelegen. Es gab Klebepressen und Klebe-Sets. Aber auch Notizblöcke, ein Radio und Taschenrechner im Compact Cassetten Design.

Und was bringt die Zukunft? Wie bei der Schallplatte lebt die Cassetten-Gemeinde noch. Hochwertige Cassettenrecorder sind immer noch in Bestzustand zu finden. Compact Cassetten werden zu Hauf angeboten. Nigelnagelneue Cassetten sind auch zu erwerben.

Auch morgen wird es Compact Cassetten geben, denn soeben sind die neu hergestellten Compact Cassetten von „AUDIO SERVICE" eingetroffen. Eine Nachfrage ergab, dass „AUDIO SERVICE" koreanisches Material benutzt. Davor wurde Magnetband von ECP ELECTROCHEMICAL PLANT verwendet, die mit der Produktionsausrüstung von BASF produzierte. Die Lieferung von Chrom war mit Schließung der EMTEC-Produktion in Ludwigshafen in 2004 zu Ende. Um an neue Compact Cassetten zu gelangen, ist AUDIO SERVICE eine Möglichkeit. Es gibt noch weitere Angebote. Auch neue Markenware kommt noch aus älteren Beständen auf den Markt. Bei original verpackter Ware zeigt die Preistendenz nach oben. Gebrauchte Ware ist ein Glücksspiel, je nachdem wie der Zustand des Bandmaterials ist. Übrigens spielen die weltersten PHILIPS Cassetten noch einwandfrei.

Herzlichen Dank für Ihr Interesse!

Uwe H. Sültz

103

1966 - 1991
AGFA-GEVAERT
Compact Cassette
AGFA-GEVAERT
Magnetonband
Compact Cassette C 60
Die welterste AGFA Compact Cassette und die letzte Compact Cassette.
GOOD BYE EDITION
Uwe H. Sültz
Sültz Bücher
AGFA
Metal Position IEC IV
GOOD BYE EDITION
Metal-XS 100
COMPACT CASSETTE RECORDER
PHILIPS EL 3300

Die welterste BASF Compact Cassette und die letzte von EMTEC   1966 - 1998

Uwe H. Sültz - Compact Cassetten Bücher

Die PHILIPS EL 1903 ist die welterste Compact Cassette gewesen. 1999 endete die Herstellung mit den abgebildeten Cassetten.

SÜLTZ BÜCHER
Autorenteam Sültz auf Sylt

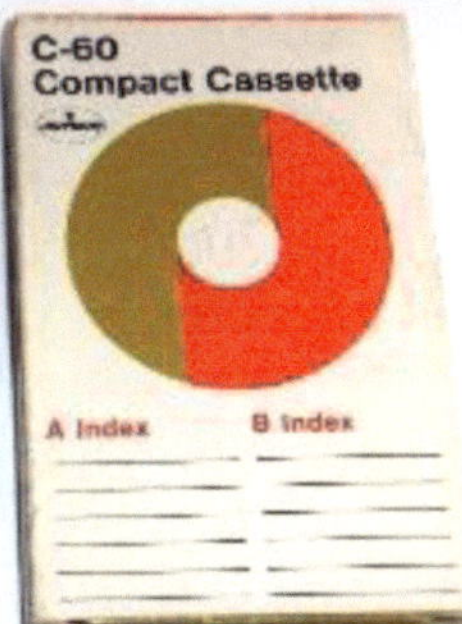

Erste Cassetten-
Generation der
Weltmarken
(Auswahl)

Weitere Cassetten
sind im Bildband
Compact Cassetten
Meilensteine
zu finden

FSC
www.fsc.org
MIX
Papier aus ver-
antwortungsvollen
Quellen
Paper from
responsible sources
FSC® C105338